사랑하는 나의 아이 _____ 을/를 위해

_____ 은/는 '부모의 말'을

꾸준히 연습해보겠습니다.

"아이도 당신도 분명 잘할 수 있을 거예요"

어떻게 말해줘야 할까

오은영의 현실밀착 육아회화
어떻게 말해줘야 할까

1판 1쇄 발행 2020. 10. 25.
1판 126쇄 발행 2024. 9. 3.

지은이 오은영
그림 차상미

발행인 박강휘
편집 길은수 **디자인** 박주희 **마케팅** 김새로미 **홍보** 박은경
글구성 김미연
발행처 김영사
등록 1979년 5월 17일(제406-2003-036호)
주소 경기도 파주시 문발로 197(문발동) 우편번호 10881
전화 마케팅부 031)955-3100, 편집부 031)955-3200 | **팩스** 031)955-3111

값은 뒤표지에 있습니다.
ISBN 978-89-349-8665-2 13590

좋은 독자가 좋은 책을 만듭니다.
김영사는 독자 여러분의 의견에 항상 귀 기울이고 있습니다.

홈페이지 www.gimmyoung.com   블로그 blog.naver.com/gybook
인스타그램 instagram.com/gimmyoung   이메일 bestbook@gimmyoung.com

이 도서의 국립중앙도서관 출판예정도서목록(CIP)은 서지정보유통지원시스템 홈페이지
(http://seoji.nl.go.kr)와 국가자료공동목록시스템(http://www.nl.go.kr/kolisnet)에서
이용하실 수 있습니다. (CIP제어번호: CIP2020040696)

오은영의
현실밀착
육아회화

어떻게
말해줘야
할까

어떻게
말해줘야 할까

글 **오은영** 그림 차상미

버럭 하지 않고 분명하게 알려주는 방법

김영사

프롤로그

아이와 나를 위한 1°,
작은 변화의 시작

일러두기

· 본문 중 일부는 입말을 살려 표현하였습니다.
· 이 책에서 소개하는 말은 아이를 돌보는 모든 사람이 따라 할 수 있고 적용할 수 있는 내용이지만
  편의상 독자를 '엄마' 혹은 '아빠'로 상정하여 표기했습니다.

저는 요즘 방송에서, 강연에서, 유튜브에서 1°의 중요성을 강조합니다. 여러 사람이 출발점에 서 있어요. 대부분 이미 많은 사람이 지나간 길을 따라 걸어갑니다. 그중 몇 사람이 각도를 1° 틀어서 많은 사람과는 다르게 걷기 시작해요. 1°, 출발할 때는 차이를 구별하기조차 힘든, 아주 미세한 변화입니다. 하지만 시간이 지나면 어떻게 될까요? 그 몇 사람은 어디에 다다를까요?

육아, 참 힘들어요. 아이를 정말정말 사랑하지만 사랑한다고 육아가 힘들지 않은 것은 아닙니다. 아이를 잘 키우고 싶어요. 언제나 우리 가슴속에 깊숙이 품고 있는 뜨거운 진심은 그렇습니다. 그런데 잘 안 돼요. 사랑하는 마음만으로 잘되지 않는 것이 육아입니다. 오랫동안 부모님들을 만나면서 "박사님이 알려주는 내용을 읽을 때는 알겠는데, 볼 때는 알겠는데, 들을 때는 알겠는데, 막상 닥치면 다시 하던 대로 하게 돼요"라는 말을 참 많이 들었어요. 이렇게 노력하는데도 왜 우리는 자꾸만 하던 대로 하게 될까요? 왜 우리는 많은 사람이 지나간 그 길로만 가려 할까요?

육아에서 1°의 변화를 이끌어낼 방법을 고민해보았습니다. 어려운 육아에 실질적인 도움을 주면서, 1°의 변화로 가장 큰 성과를 얻을 수 있는 방법은 무엇일까요? 바로 '말'이더군요. 육아에서 중요한 것은 '아이를 어떻게 대하고, 어떻게 도울 것인가'입니다. '어떻게 지도하고 가르칠 것인가'라는 고민도 아이를 돕기 위한 것이에요. 그런데 이 모든 것이 결국 '말'로 이루어집니다. 우리는 하루 종일 아이에게 말을 하고 살아요. 말을 조금만 달리 하면 육아는 정말 많이 달라집니다. 아이도, 부모도 정말 많이 달라집니다.

말을 1° 바꾸는 것, 1°에 불과해도 쉬운 일은 아닙니다. 일상에서 늘 말을 하며 살지만, 세상에서 가장 바꾸기 어려운 것이 '말'이에요. 그런데 가르쳐준 것을 가장 잘 해내는 사람들이 바로 '부모'입니다. 지금까지 해왔던 방식이 틀렸다는 것을 알아차리면 고치려고 가장 노력하는 사람들이 바로 '부모'예요. 보통 누군가에게 "이렇게 바꿔봅시다!"라고 제안하면 자신에게 생길 이익을 먼저 떠올립니다. 하지만 부모들은 단지 아이를 사랑하는 마음으로 열심히 노력해요. 그래서 저는 부모만큼

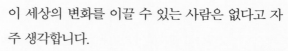

이 세상의 변화를 이끌 수 있는 사람은 없다고 자주 생각합니다.

부모는 존재만으로도 참 소중한 사람입니다. 잘난 부모가 아니라도, 요리를 못해도, 아이와 잘 놀아주지 못해도, 아이 마음을 잘 공감해주지 못해도, 소리를 지를 때가 많아도, 부모가 옆에 있는 것 자체가 아이에겐 생명입니다. 게다가 그 부모가 아이를 위해 늘 노력합니다. 그러니 지금도 이 글을 읽고 있는 것이겠지요. 존재만으로도 소중한 사람들이 끊임없이 노력한다는 것, 그것이 제일 중요합니다.

이 책은 '말'에 대한 책이에요. 하지만 말에 대한 중요성을 설명하기보다 아이와 함께하는 일상에서 도움될 만한 말들을 구체적으로 알려주는 책입니다. 그래서 각 상황마다 소리 내어 읽어보도록 썼습니다. 아이를 키우다보면 어떻게 말해줘야 할지 모르는 상황을 자주 맞닥뜨립니다. 이때 필요한 말들을 '외국어회화'를 배우듯이 '육아회화'를 통해 알려주는 건 어떨까 생각했습니다. 짧은 말이라도 꾸준히 소리 내어 읽으며 연습하면 귀가

트이고 입이 열리듯이, 육아도 그렇게 해보면 어떨까 생각했어요. 매일매일 이 책을 읽으며 연습하면 어느 날, 적절한 말들이 자신도 모르게 술술 나오지 않을까요?

책의 앞부분은 쉽게 외워서 따라 할 수 있는 짧은 말들로 구성했습니다. 책장을 넘길수록 조금 더 길고, 구체적이고, 생각할 거리가 많은 표현을 다루었습니다. 아이의 연령대도 유아기부터 청소년기까지, 각 시기별로 필요한 말을 골고루 다뤘습니다.

책을 내면서 한 가지 걱정이 드네요. 소리 내어 읽다 보면 처음엔 많이 어색하실 겁니다. 어쩌면 저의 표현 방식이 마음에 안 드는 분도 있으실 겁니다. 꼭 이 책에 쓰인 그대로 아이에게 말해야 한다는 것은 아니에요. '말'이라는 것에 어디 정답이 있나요? 이 책은 단지 생활 속 실천을 도와드리고자 하는 것뿐입니다. 소리 내어 읽으면서 따라 하다 보면 책 속 표현이 조금 익숙해지고, 익숙해지면서 자연스럽게 당신만의 말이 생기기를 기대합니다. 당신만의 방식이 생길 때까지만 책에 쓰인 말

을 연습해보세요.

그런데요, 이 책을 읽고 당신의 말이 바뀌지 않아도 좋아요. '아, 내가 아이에게 해온 말들이 이런 의미였구나' '이렇게 표현하면 더 좋겠구나'라는 생각으로도 충분합니다. 이런 마음이면 당신은 더 좋은 말들을 찾아낼 거예요. 당신과 아이의 관계가 더 좋아질 겁니다. 지금 우리가 서 있는 자리에서 1°만 각도를 바꿔도 5년 뒤, 10년 뒤, 20년 뒤 우리의 도착지는 굉장히 달라집니다.

오늘의 작은 실천, 1°의 변화가 쌓이면 당신의 삶과 가족관계가 변합니다. 이 책이 1°의 변화를 이끄는, 그저 작은 시작이면 좋겠습니다.

오은영 드림

차례

Chapter 2

내가 내 아이만
했을 때,
듣고 싶었던 말

Chapter 3

마음을
따뜻하게 만드는
수긍의 말

Chapter 4

귀로 하는 말,
입으로 듣는 말

Chapter 5

유치해지지 않고 처음 의도대로

Chapter 6

언제나 오늘이 아이에게 말을 건네는 첫날

우리는 늘 익숙한 방식으로 아이를 대합니다.
익숙함은 편안함을 줍니다.
하지만 익숙하면 문제점을 잘 몰라요.
나뿐만 아니라 많은 사람이 비슷하니까
괜찮다고 생각합니다.
익숙함이 주는 편안함 안에 있으면
익숙함을 바꾸고 싶지 않습니다.

그런데 익숙한 방식이
아이를 대하는 데, 아이를 교육하는 데,
때로는 사람을 대하는 데 꼭 좋은 방법은 아닙니다.
그 방식 때문에 아이를 사랑하면서
상처를 주기도 하거든요.

반사적으로 나오는 익숙한 말에서 한발 물러나보세요.
같은 패턴으로 말하면 결과는 언제나 같을 수밖에 없습니다.

아직은 낯설어서 입 밖으로 나오지 않는 말,
알사탕을 녹이듯 입안에서 굴려보세요.
나에게 녹아들도록 소리 내어 말해보세요.

Chapter 1

익숙한 그 말 말고,
알지만 여전히 낯선 그 말

Chapter 1
001

네가 내 아이라서 진짜 행복해

처음 사랑을 고백할 때 혹은 결혼할 때 예물로 받은 보물, 하나씩 있을 거예요. 조그만 보석이 박힌 반지를 우리는 장롱 깊숙이 넣어 두고 소중하게 관리합니다. 가끔 꺼내서 반짝반짝 윤이 나도록 조심스럽게 닦기도 해요. 조금이라도 흠집이 나면 속상해집니다.

아이는 보물보다 더 소중해요. 당연한 말이지요. 그런데 마음과 달리 소중한 아이에게 맨날 소리를 지르고 눈을 부릅뜹니다.

아이를 사랑하는 마음, 숨기지 마세요. 고백하세요. 잠에서 깨어 부스스 눈뜬 아이를 지그시 보다가 고백해보세요. 아이가 평생 기억합니다.

아이에게 사랑을 고백하는 말이에요. 소리 내어 읽어보세요.

어떻게
이런 보물이
태어났나?

> "아빠는 네가 내 아이라서 진짜 행복해.
> 사랑한다."
> "엄마는 널 보면
> '우와, 어떻게 이런 보물이 태어났나?'
> 하고 생각할 정도로 정말 행복해."

아이에게 "네가 있어서 정말 행복해"라고 말해주세요. "너는 우리의 보물"이라고도 불러주세요. 이 표현으로 얼마나 큰 애정을 전할 수 있는지 모릅니다.

아이가 그 말을 처음 들었을 때 아무 느낌도 없을지 몰라요. 어색해할 수도 있습니다. 하지만 자주 들으면 들을수록 자신을 정말 소중한 존재라고 생각하게 됩니다.

기다리는 거야

진료할 때 저는 아이를 먼저 만난 뒤 부모를 만납니다. 부모를 만날 때 아이는 진료실 밖에서 기다리게 합니다. 이때 부모들에게 "아이에게 나가서 기다리라고 이야기하세요"라고 말합니다. 그러면 어떤 엄마는 앞에 있는 사람이 들어도 무서울 만큼 "나가서 기다려!"라고 소리쳐요. 어떤 아빠는 아이에게 사정하듯 아주 친절한 목소리로 "기다려어"라고 말합니다. 이러면 아주 순한 아이가 아니고서는 대부분 안 나가겠다고 떼를 써요.

이럴 때는 부드러우면서 분명한 목소리로 말해야 합니다. 어색해도 용기를 내서 소리 내어 읽어보세요.

> **"기다려. 기다리는 거야."**

이 표현을 너무 여러 번 반복하지 마세요. 아이가 빨리 지시를 따르지 않으면 우리는 "기다려, 기다리는 거야"라고 주의를 주었다가 1분도 안 돼서 "나가서 기다리라고 했어"라고 말합니다. 그다음 또 1분도 채 지나지 않았는데 "나가서 기다리라고 했잖아!"라고 목소리를 높입니다. 여러 번 말하면 더 효과적일 것 같거든요. 그런데 아니에요. 여러 번 반복하는 말은 아이의 귀에 중요한 말로 인식되지 않습니다. 그저 일상 소음으로만 들려요.

우리는 너무나 많은 말을 하며 살고 있습니다. 그 많은 말이 종종 관계를, 상황을 더 어렵게 만들기도 해요. 아이에게 뭔가를 지시할 때도, 훈육할 때도 그렇습니다. 아이가 꼭 따라야 할 중요한 지시는 한 번만 말해주세요. 그게 좋습니다.

Chapter 1
003

안 되는 거야

강연장에서 한 엄마가 걱정 가득한 목소리로 물었어요. "아이에게 '안 돼'라고 말할 때마다 정말 아이의 자존감이 10점씩 깎이나요?" 여러분은 어떻게 생각하세요? 정말 "안 돼"라고 말하면 아이의 자존감이 낮아질까요?

아닙니다. "안 되는 거야"라는 말을 꼭 해줘야 할 상황에서 머뭇거리면 아이의 자존감이 오히려 낮아질 수 있습니다. 자존감은 무조건 내 마음대로 해야 높아지는 것이 아니에요. 자존감은 사회에서 허용되는 행동과 허용되지 않는 행동을 정확히 구별할 때 더 단단해집니다.

아이가 하지 말아야 할 행동을 할 때는 분명하게 "안 되는 거야"라고 말해주세요. 단, 이 말을 지나치게 무섭게 혹은 지나치게 소심하게 하면 안 됩니다. '버릇을 바로잡겠다' '혼내주겠다'라는 생각으로 말하면 자칫 무섭게 말하기 쉬워요. 한편 '아이가 나를 싫어하면 어쩌지' '아이가 너무 불쌍해'라는 생각으로 말하면 소심하게 말하기 쉽습니다.

훈육은 오직 부모만이 할 수 있는 일입니다. 아이를 혼낼 일이란 없어요. 가르쳐줘야 하는 일만 있습니다. 이렇게 생각하면 "안 되는 거야"라는 표현을 무섭거나 소심하지 않게 할 수 있습니다.

또박또박, 분명한 발음으로 읽어보셨으면 합니다.

"안 되는 거야."

이 말 뒤에 수많은 말을 붙이고 싶을 거예요. 그래도 "안 되는 거야"까지만 말해주세요. 아이가 얌전히 말을 듣지 않아도, 울며 떼를 써도 딱 거기에서 끝내세요. 문제 상황에서는 말을 많이 할수록 백전백패입니다. 주고받는 말이 많을 수록 자극이 더 강해지기 때문이에요. 간결하게 한 가지 메시지만 전달하는 것이 좋습니다.

머릿속에서 '혼낸다'라는 표현을 지워버리세요. '혼낸다'라는 표현이 없어도 아이를 키우는 데 전혀 지장이 없습니다. 그 표현이 없다고 버릇 없는 아이가 되지 않아요. '혼낸다'라는 표현 대신 '가르치다'라는 표현을 쓰면 됩니다.

그런 마음이었구나

인간은 소통하며 언제나 감정을 전달합니다. 말에는 항상 마음이 담겨 있습니다. 특히 아이의 말에는 생각보다 많은 감정이 담겨 있어요. 그래서 "왜 그런 마음이 들어?"라는 질문이 의미 없을 때가 많습니다.

그런 감정이 든 마음의 주인이 '아이'라는 것을 그냥 인정해주세요. 사실 누구든 그래요. 마음의 주인은 나 자신입니다. 아이가 감정을 말할 때는 그냥 이렇게 말해주세요.

소리 내어 읽어보세요.

> "아, 그런 마음이었구나.
> 마음이 그랬구나."

아이가 칭얼거리거나 찡찡거려요. 그렇게 행동하는 마음에 동의해주면 그 마음이 굳어져서 아이의 버릇이 나빠질까 봐 걱정하는 거 압니다. 그런데 안 그래요. 부정적인 미래를 예단하지 마세요.

"그런 생각하면 나쁜 사람이야"라고 말하는 부모에게 저는 물어요. "아이가 정말 나쁜 사람이라고 생각하세요?" 대부분 아니라고 답합니다. 아무리 생각해도 우리 아이는 나쁜 아이가 아니에요. 그러면 저런 걱정을 할 필요가 없어요.

아이가 왜 그런 행동을 했는지, 정말 궁금할 때도 있습니다. 그런데 지금은 묻지 마세요. 감정이 격할 때는 까닭을 묻지 마세요. 아이뿐만이 아닙니다. 그 아이를 바라보는 나의 감정도 마찬가지예요. 나중에 아이와 부모의 상태가 편안해진 상황에서 넌지시 물어보세요.

오해는 마세요. 마음을 수긍해주는 것이 아이의 뜻대로 해주는 것은 아니에요. 사줄 수 없는 것은 사줄 수 없고, 안 되는 것은 안 되는 겁니다.

시곗바늘이 여기까지 오면 나갈 거야

학창 시절 교과서를 보면요, 맨 위에 '학습목표'라는 것이 있었습니다. 학습목표란 '이 단원을 통해 우리가 얻고자 하는 것이 무엇인가'를 말합니다. 아이에게 무언가 가르칠 때도 '교육목표'가 있으면 해요.

거창한 건 아니에요. 문제 상황에서 잠깐 말과 행동을 멈추고 '지금 이 상황에서 내가 아이에게 가장 중요하게 가르쳐야 할 것은 무엇인가'를 생각해보자는 겁니다. 한 가지 상황에서 딱 하나의 교육목표만 정하자는 거예요.

외출해야 하는데 아이가 옷을 빨리 안 입습니다. 가장 중요하게 가르쳐야 할 한 가지를 생각하세요. '약속 시각에 늦지 않게 나가기!' 그리고 이것을 가르치면 됩니다.

"시곗바늘이 여기까지 오면 나갈 거야. 네가 그 시간까지 옷을 입으면 좋겠는데, 준비가 안 되어 있으면 아빠가 그냥 안고 나갈 거야"라고 말하면 돼요. "아직 혼자서 옷도 제대로 못 입니?" "밥도 혼자서 못 먹어?" "너는 텔레비전 보면서 밥 먹는 습관을 고쳐야 해!"라는 말은 필요 없어요. 지금 교육목표는 그게 아니니까요. 그런 것들은 나중에 다시 목표를 정해서 가르치면 됩니다.

아이들은 "옷을 안 입으면?"이라고 물어보기도 해요. "옷을 들고 나갈 거야." 이 정도로 말해주면 됩니다. 현실적으로 기다려줄 수 없는 상황이라면, 미리 알려주고 말한 대로 행동에 옮기세요.

가끔은 심사숙고해서 고른 교육목표가 잘 통하지 않을 때도 있습니다. 그럼에도 불구하고 교육목표는 한 번에 여러 개보다 하나가 낫습니다.

소리 내어 천천히 읽어보세요.

> "시곗바늘이 여기까지 오면 나갈 거야.
> 네가 그 시간까지 옷을 입으면 좋겠는데,
> 준비가 안 되어 있으면
> 아빠가 그냥 안고 나갈 거야."

시곗바늘이
여기까지 오면
나갈 거야

아이들은 왜 문제를 일으킬까요?

엄마들은 저에게 묻습니다.

"원장님, 참…. 도대체 저희 애는 왜 이럴까요? 다른 애들은 안 그러잖아요."

우리 아이만 왜 이렇게 문제가 많으냐는 뜻이지요.

제가 대답해요.

"얘가 좀 그렇긴 해요. 엄마도 이게 문제라고 생각하지요?"

"그렇잖아요. 다른 애들은 안 그러는데…."

"그 집 애만 문제가 있는 것처럼 느껴지시지요? 그 부분은 아이에게 문제가 있는 것 맞아요."

"그렇죠? 맞죠?"

"그래요. 맞는데 이 아이는 왜 문제를 일으킬까요?"

"그러니까요. 얘는 진짜 왜 그럴까요? 이상한 애예요."

이때 제가 엄마들에게 자주 하는 말이 있습니다.

"살아 있기 때문에 그래요. 아이는 살아 있는 생명체이거든."

그러면 엄마들은 어리둥절해하며 "에?" 하고 마구 웃습니다.

"아니, 봐봐요. 인간은 살아 있어서 언제나 세상과 교류해요. 살아 있기 때문에 그다음 단계로 발전해야 해요. 그런데 이 과정에서 언제나 문제가 생겨요."

엄마들이 다시 물어요.

"원장님, 살아 있으면 다 문제를 일으켜요?"
"그럼요, 문제를 일으키지 않는 삶은 죽은 삶이에요. 살아 있어서 그래요. 살아 있기 때문이에요."

아이가 문제를 일으킬 때 '아, 우리 아이가 살아 있어서 그렇구나'라고 생각해 보세요. 육아가 너무 힘드니 그냥 웃어넘기자며 하는 이야기가 아닙니다. 그렇게 생각하면 문제 상황에서도 평정심을 조금은 되찾을 수 있어요.

아이가 문제를 일으킬 때 '얘는 도대체 왜 이래?'라고 생각하면 자꾸 그 자리에서 문제를 당장 해결하고 싶어집니다. 그런데 많은 경우 당장 해결이 안 돼요. 왜 그런지도 모르겠고, 솔직히 어떻게 대처해야 할지 모르는 상황이 더 많습니다. 평정심은 어떻게 될까요? 당황하고 급기야 아이에게 화내는 상황까지 이릅니다. 하지만 문제 상황에서 무릎을 딱 치면서 '아하, 살아 있어서 이렇구나!'라고 생각하면 훨씬 덜 당황하게 됩니다. 한발 멈추게 되거든요.

아이를 키울 때 문제 상황은 항상 발생해요. 어느 집 아이나 그렇습니다. 이때 당황하지만 않아도 결과는 언제나 더 나아질 수 있습니다.

마스크를 잘 쓰고 있으면 많이 보호돼, 그래서 중요한 거야

마스크, 참 답답해요. 어른들도 답답한데 아이들은 오죽할까요? 마스크를 쓰고 인사하고 대화해야 하는 지경까지 이르렀으니까요. 그래도 마스크만 써도 코로나19 감염 위험에서 많이 보호된다니 얼마나 다행입니까? 우리, 그렇게 생각하자고요.
저는 아이가 마스크를 쓰고 진료실에 들어오면 "답답하지?"라는 말을 먼저 건넵니다. 아이가 "네" 하고 대답해요. 그러면 "잘 쓰고 있네. 아유, 의젓하다. 대견하네"라고 칭찬해줍니다. 아이들은 "코로나 때문에…"라고 대답하기도 해요. 이때 아이의 두려움을 인정해주면서 어떻게 조심해야 하는지 편안하게 가르쳐주면 됩니다.

소리 내어 읽어볼까요?

> "겁나지? 잘 쓰고 있으면 많이 보호돼.
> 그래서 중요한 거야. 잘하고 있네."

"너 마스크 안 쓰면 죽을 수도 있어" "큰일 난다"라는 식으로 아이에게 겁주는 말은 좋지 않아요. 아이를 겁줘서 통제하려는 방식은 좋지 않습니다. 부모의 불안을 아이에게 건네게 됩니다.

가끔 "그런 거 안 해도 돼, 괜찮아"라고 말하는 부모님도 있더군요. 이 또한 좋지 않습니다. 왜냐면요, 안전 규칙을 지키는 이유는 절대 약해서도, 용기가 없어서도 아니에요. 또 그것을 어기는 것이 강하고 용감한 것은 절대 아닙니다. 우리 아이에게 꼭 가르쳐주면 좋겠습니다.

마스크를
잘 쓰고 있으면
많이 보호돼

33

~한다고 ~할 수는 없어

아이가 장난감을 안 사준다고 떼쓰며 울어요. 이때는 "속상하지? 그런데 운다고 들어줄 수는 없는 거야. 안 되는 거야"라고 말해줘야 합니다.

부모가 누군가와 긴한 이야기를 해야 하는 상황입니다. 아이가 나가자고 찡찡거려요. 이럴 때 "네가 불편한 것은 알겠는데, 지금은 찡찡거린다고 해서 나갈 수 없어. 이야기가 다 끝나야 나갈 수 있어. 기다려"라고 말해줘야 합니다. 운다고, 떼쓴다고 원하는 것을 들어줄 수는 없다고 가르치는 것이지요. "안 되는 거야" "기다리는 거야"는 실제 상황에서 이렇게 활용하면 됩니다.

소리 내어 읽어보세요.

"속상하지?
 그런데 운다고 들어줄 순 없는 거야.
 안 되는 거야."

"네가 불편한 것은 알겠는데,
지금은 찡찡거린다고 해서 나갈 수는 없어.
이야기가 다 끝나야 나갈 수 있어.
기다려."

요긴한 팁 한 가지를 알려드릴게요. '열 단어 법칙'입니다. 중요한 상황에서 효과적인 지시는 대개 열 단어를 넘지 않아요. 아이에게 말하기 전에 내가 하려는 말이 몇 단어인지 미리 세어보세요. 그리고 딱 열 단어는 아니더라도 대개 그 내외로 말해주세요. 띄어쓰기가 헷갈리는 의존명사는 대략 덩어리지어 세어도 됩니다. 경험상 '열 단어 법칙'에 맞춰서 말할 때 아이들이 가장 잘 알아들었어요.

잘 잤어? 상쾌한 아침이야

아침에 일어나야 하는 시간이 지났는데 아이가 안 일어납니다.
이러다 유치원에 늦게 생겼어요. 보통 "야! 늦었어! 일어나! 빨
리 가야지. 너 유치원 늦겠어!"라고 말합니다. 참 익숙한 말이
지요.

이럴 때 일단, 마음 안에 있는 조급함부터 비우세요. 15초면 돼
요. 심호흡을 깊게 한 번 하시고 쌔근쌔근 자는 아이 모습을 가
만히 바라보세요. 신기하게도 아이의 콧날에서, 입술에서, 속눈
썹에서, 생후 8개월 때 모습도, 두 돌 때 모습도 보입니다. 정말
사랑스러워요.

이제 이렇게 말해보세요.

> "잘 잤어?
> 상쾌한 아침이야.
> 쭉쭉 기지개 켜고 오늘 유치원에 가서

재미있게 지내다 와야지.
일어나.
쭈쭈쭈쭈."

아이 엉덩이도 토닥거리고 다리를 잡고 '쭈쭈쭈' 쭉쭉이도 해
주세요. 아이도 부모도 기분 좋은 아침을 만들 수 있습니다.
민망해서 못 하겠다는 분들도 있더군요. 처음으로 아이에게 그
림책을 읽어줄 때의 민망함, 기억하시지요? 말도 못 하는 아이
앞인데도 구연동화 하기가 어찌나 창피하던지요. 그런데도 우
리, 금세 익숙해졌어요. 엄마가 아니었다면, 아빠가 아니었다면
하지 않을 유치한 행동도 할 수 있게 되었습니다. 할 수 있어
요. 해보면 이 또한 별것 아닙니다.

아빠 왔다,
우리 토깽이들 안아보자

하루 종일 일한 뒤 피곤한 몸을 이끌고 집에 들어섰어요. 얼른 씻고 쉬고 싶은 마음뿐입니다. 그런데 아이들이 달려들어요. 이럴 때 아이들을 떼어내고(?) 싶은 분들, 분명히 있습니다.

피곤함은 나의 문제입니다. 아이들은 하루 종일 아빠를 기다렸어요. 보고 싶어 했습니다. 이럴 때는 "아빠 왔다, 우리 토깽이들 안아보자"라고 말해주셨으면 합니다. 아이들은 이 한마디에 기쁨을 느껴요. 아이가 뛰어오면 두 팔을 벌리고 꽉 안아주세요. 이 느낌이 쌓여서 나중에 행복이 됩니다. 아이만 그런 게 아니에요. 아빠도 이 순간을 두고두고 행복으로 기억할 거예요.

무뚝뚝한 아빠를 만난 적이 있습니다. 그분은 집에 와서 필요한 말밖에 하지 않았어요. 아이들과 스킨십도 거의 없었답니다. 물론 마음은 그렇지 않았어요. 누구보다 아이들을 사랑하는 아빠였지요. 제가 아빠 손을 꼭 잡았습니다. "이게요, 인간과 인간의 연결의 의미예요. 어떠세요?" 아빠는 "좋…네…

우리 토깽이들
안아보자

요…"라고 대답했어요. 이 책에서 제일 처음 나오는 "네가 내 아이라서 진짜 행복해"라는 표현을 따라 말하게 했습니다. 아빠는 그 자리에서 울컥하더라고요.

말은요, 마음에 가닿게 전달해야 합니다.
소리 내어 읽어보세요.

> "아빠 왔다, 우리 토깽이들 안아보자."

우리 부모님들, 아이들을 끔찍이 사랑하는 거 누구보다 제가 잘 알아요. 그런데 표현하셔야 해요. 표현하지 않으면 아이는 모를 수 있어요. 표현하지 않으면 부모인 나조차 잠시 잊기도 합니다.

나름 최선을 다했어,
참 잘했어

한 엄마가 욱해서 자기도 모르게 아이에게 손이 올라갔다고 울면서 말했어요. "원장님, 저는 엄마 자격이 없는 것 같아요."
부모든 교사든 이유를 불문하고 절대 아이를 때려서는 안 됩니다. 그 엄마가 아이를 때린 행동은 분명 잘못입니다. 그렇다고 '엄마 자격'까지 없는 것은 아닙니다.

부모들은, 특히 엄마들은 육아를 조금만 잘 못하면 '엄마 자격'을 걱정합니다. 주변에서도 "엄마가 돼서…" 하면서 '자격'을 운운하기도 해요. 그런 말을 들을 때 저는 좀 화가 납니다. 엄마면 엄마이지, '엄마 자격'이 어디 있나요?

물론 아이를 때리면 안 되지요. 이때는 '내가 왜 아이를 때렸을까?' 하며 그 이유를 곰곰이 생각해보고 그런 일이 다시 일어나지 않도록 원인을 찾아 고치면 됩니다. 수많은 자녀교육서의 저자나 육아 블로그의 스타처럼 아이를 키우지 못한다고 해서 엄마에게 '엄마 자격'이 없다고 할 수는 없어요.

눈앞에서 자동차가 내 아이를 덮치는 상황이 벌어졌어요. 어떻게 하시겠어요? 아마 0.1초도 생각하지 않고 바로 아이에게 뛰어들 것입니다. 아이를 잘 달래지 못하는 엄마도, 음식을 골고루 먹이지 못하는 엄마도, 매일 '짜증육아'를 일삼는 엄마도 모두 반사적으로 몸을 던질 겁니다. 만약 그때 엄마 자신이 다치거나 죽는다고 해서 그 순간을 원망하고 후회할까요? 아마 다시 그런 상황이 벌어져도 똑같이 선택할 것입니다. 우리는 그런 사람입니다.

그 마음이면 아이들은 다 잘 큽니다. 정말 그래요. 그 마음이면 많은 문제를 해결할 수 있습니다. 다만 하지 말라는 것을 굳이 안 하면 돼요. 사실 부모도, 아이를 지극히 사랑하는 마음을 품고 끊임없이 시행착오를 겪으면서 아이와 함께 성장하는 존재일 뿐입니다.

소리 내어 읽어보세요.

> "오늘 많이 힘들었지?
> 하지만 나름 최선을 다했어. 참 잘했어."

잠들기 전, 당신 자신에게 이 말을 꼭 들려주세요. 오늘도 고생 많으셨습니다.

마음까지 해결해주려고 하지 마세요

아이와 놀이동산에 왔어요. 매번 놀이동산에 오면 선물 가게에서 장난감을 이 것저것 사달라고 조르는 아이라, 오늘은 미리 아무것도 사지 않기로 약속까지 하고 왔습니다. 재미있게 잘 놀고 나오면서 아이는 오늘도 선물 가게에 들르자 고 하네요. 내심 불안했지만 아이가 보기만 하겠다고 해서 들어갔어요. 그런데 아니나 다를까, 아이는 또 장난감을 사달라고 졸랐어요. 엄마는 "너 안 사기로 약속했잖아. 안 돼!"라고 딱 잘라 말했습니다. 아이는 서너 번 조르다가 결국 엄마 손에 이끌려 나왔어요.

놀이공원 출구에 도착할 때까지 아이는 오리처럼 입을 삐쭉 내밀고선 저만치 뒤에서 터덜터덜 걸었습니다. 몇 번을 "빨리 와"라며 재촉했지만, 아이는 계속 한여름 아스팔트 위 엿가락처럼 늘어져 있었어요. 보다 못한 엄마가 소리를 질 렀습니다. "얼른 안 와! 너 정말 너무한다. 놀이동산 오자고 해서 왔고, 신나게 놀았으면 됐지. 장난감 안 산다고 약속해놓고 왜 그래? 이럴 거면 다음부터 놀 이동산 오지 마!" 엄마는 아이 쪽으로 쿵쿵 걸어가서는 아이의 팔을 낚아채듯 세게 잡아끌었어요. 아이는 입을 삐쭉거리다 결국 울음을 터뜨리며 말했습니 다. "나 이제 놀이동산 안 올 거야! 다시는 안 올 거야! 으앙!" 엄마가 말했어요. "뭘 잘했다고 울어? 너 엄마가 분명히 들었어. 다시는 안 온다고 했다!"

한 여성이 있습니다. 이 여성은 이번 달에 돈을 너무 많이 쓴 것 같아서 더는 쓰 면 안 되겠다고 생각했어요. 그런데 친구와 백화점에 갔다가 정말 예쁜 샌들을 발견했습니다. 굉장히 편해 보이고 가격도 저렴했어요. 하지만 여성은 퍼뜩 '아, 안 되지. 더 쓰면 안 되지'라는 생각이 들어 집으로 돌아왔습니다. 여자는 퇴근하고 집에 온 남편에게 낮에 본 샌들 이야기를 했어요. "여보, 나 그 샌들 너무 마음에 들었는데…. 신으면 엄청 편할 것 같았거든. 혹시 세일 안 할까? 세일 하면 그때라도 가서 살까?" 남편은 여성을 한심하게 쳐다보다가 "당신이 애야? 이번 달 우리 집 사정 몰라? 안 되는 거 알면서 왜 자꾸 이야기해?"라고 말했어요. 여성은 기분이 확 나빠졌습니다.

늘 말씀드리지요? 마음은 자유로울 수 있습니다. 생각도 자유로울 수 있습니다. 중요한 것은 마지막 결정이에요. 욕구를 잘 조절해서 현실에 맞게 상식적으로 마지막 행동을 했다면 그것으로 된 거예요. 첫 번째 사례의 아이도, 두 번째 사례의 여성도 모두 마지막 결정은 잘했어요. 아이는 어쨌든 집에 가지 않겠다고 떼쓰며 바닥을 뒹굴지 않았고, 선물 가게에서 장난감을 사지도 않았어요. 여성도 어쨌든 샌들을 사지 않고 그냥 집에 왔어요. 그러면 된 겁니다. 아이에게는 "그 장난감이 정말 갖고 싶었구나" 하며 데리고 오면 되고, 여성에게는 "당신, 그 샌들이 굉장히 마음에 들었나 보네" 하고 끝내면 됩니다.

우리는 언제나 마음을 해결해주려고 합니다. 가깝고 소중한 사람에게 더한 것 같아요. 갖고 싶은 장난감을 사지 못해서 속상한 아이의 마음, 마음에 든 샌들을 사지 못하고 돌아와 아쉬운 아내의 마음은 그냥 두어야 합니다. 마음은 해결해줄 수도 없고, 해결해줘서도 안 되는 거예요. 마음을 해결할 수 있는 사람은 그 마음의 주인뿐이에요.

마음의 해결이란 불편한 감정이 소화되어 정서의 안정을 되찾는 거예요. 그런데 우리가 하려는 마음의 해결은 그렇지 않습니다. 그냥 '끝'을 보는 겁니다. 상대가 징징거리는 행동을 멈추고, 상대가 쏟아내는 속상함과 아쉬움의 말을 '그만' 하는 거예요. 그렇기에 화를 내서 못 하게 하거나 목청을 높여서 자꾸 설명합니다. 비난하고 협박하고 애원도 해요.

왜 그렇게 상대의 마음을 해결해주려고 할까요? 상대의 불편한 마음 이야기를 들으면 내 마음이 불편해지기 때문이에요. 그 모습을 보고 그 말을 들으면 내 마음이 계속 불편해져서 견딜 수가 없으니, 상대가 그 마음을 표현하지 못하게 하려는 겁니다. 결국 내 마음이 편하고 싶은 거예요. 마음을 표현하지 못하게 하는 행동은 정서적인 억압입니다. 내 마음이 편하고 싶어서 상대의 정서를 억압하는 거예요.

상대의 마음도, 나의 마음도 그냥 좀 두세요. 흘러가는 마음을 가만히 보세요. 흘러가게 두어야 비로소 자신의 마음을 볼 수 있습니다. 상대도, 나도 마찬가지입니다. 내 마음을 볼 수 있어야 감정이 소화되고 진정도 돼요. 상대의 마음을 파악하고 어떻게 행동해야 할지도 조금은 알게 됩니다. '아, 지금 내가 불안하구나' '아, 아이가 지금 기분이 좀 나쁘구나. 기다려주어야겠구나'라고 생각하게 됩니다.

그래도 씻어야 하는 거야

아이를 씻길 때마다 목소리가 높아지는 분들이 있습니다. 아이가 씻기 싫어서 버티면 혼내고 설득하다 목소리가 높아집니다. 씻으러 갈 때는 길게 말할 필요가 없습니다. 어린아이에게는 "자, 씻어야 돼" 하면서 아이를 안고 욕실로 들어가세요. 그러곤 "아이, 눈부셔. 우리 아기 얼굴이 반짝반짝하네" 하면서 얼른 씻기고 나오면 됩니다. 아이가 버둥대거나 울어도 얼른 씻기고 "이제 다 됐네" 하면서 욕실에서 나오면 됩니다.

아이가 좀 컸다고 "귀찮아요" 하면서 안 씻으려 하면 "그래도 씻어야 하는 거야. 엄마가 옆에서 도와줄게" 하고 욕실로 데리고 들어가 얼른 씻깁니다. 씻을 때 아이가 미적거리고 비협조적일 수도 있어요. 그래도 별말 하지 마세요. 다 씻기고 나서는 "아이, 반짝거린다. 잘했어" 하고 칭찬해주시면 됩니다.

소리 내어 읽어볼까요?

"그래도 씻어야 하는 거야.
 엄마가 옆에서 도와줄게."
"아이, 반짝거린다. 잘했어."

그 상황에서 필요한 말만 하세요. 불필요한 말을 지나치게 많이 주고받다보면 서로 에너지를 너무 많이 소모하게 돼요. 저는 이런 대화를 '소모적인 대화'라고 부릅니다. 소모적인 대화를 하다보면 배가 산으로 갑니다. 필요한 말은 온데간데없고, 우는 아이와 욱하는 나만 남아요. 소모적인 대화는 피하세요. 그러려면 상황의 핵심을 잊지 않아야 합니다. '씻기 싫어도 씻어야 하는 것 가르치기!' 이 상황의 핵심입니다.

빼줄게, 맛있게 먹어

콩 싫어하는 아이들, 많지요. 별로 많지도 않은데 아이가 밥에 들어 있는 콩을 하나씩 골라냅니다. 이럴 때는 "그래, 오늘은 콩을 빼줄게. 마음 편하게 맛있게 먹어. 사실 콩도 먹다보면 맛 있어"라고 말해주세요.

'아이가 원하는 것을 다 들어줘도 되나?' 걱정할 수도 있습니 다. 그런데 아이가 어릴 때는 그렇게 걱정하기보다 지금 상황 에서 할 수 있는 것을 먼저 하고, 그다음 단계로 가는 것이 현 명합니다. 오늘 먹는 것이 맛있다고 느껴야 다음번에 싫은 음 식도 한번 시도해볼 마음이 생기거든요. 무섭게 혼내고 억지로 먹이면 아이는 그 음식을 더 싫어하게 될 수도 있습니다.

소리 내어 읽어보세요.

> "그래,
> 오늘은 콩을 빼줄게.

마음 편하게 맛있게 먹어.
사실 콩도 먹다보면 맛있어."

아이가 편식하면 '농부 아저씨' '아프리카 친구'를 등장시키기
도 해요. 그런데 그런 이야기는 하지 않았으면 합니다. 도덕적
이고 윤리적인 기준을 적용하면 좋은 의도여도 아이가 죄책감
을 느낄 수 있어요. 문제 상황에서는 늘 간결하게 말하면서 아
이가 억울하지 않게 정당성과 타당성을 가르쳐야 합니다.

"사실 이거 맛있는 음식인데, 아직 먹기 좀 힘들지? 아빠도 알
아. 하지만 언젠가는 좀 더 골고루 먹어야 할 거야. 이런 음식
도 우리 몸에 필요하긴 하거든." 이 정도가 좋아요.

그렇다면 "오늘은 이거 한 개만 먹어"라는 말은 어떨까요? 이
것도 고문입니다. 사랑하니까 가르쳐보려는 마음에서 꺼낸 말
인지 몰라도, 본질은 가르침이 아니라 내가 이기고자 하는 싸
움이거든요. "당장 입에 넣어"란 말도 싸워서 이기려는 거예요.
그렇게 말해서 아이가 음식을 씹지도 않고 꿀꺽 삼킨다면, 무
슨 의미가 있을까요?

다 울 때까지 기다려줄게

아이가 이유 없이(물론 부모 관점입니다) 짜증을 냅니다. 부모가
물어요. "왜 짜증을 내는데?"

아이가 울어요. 부모가 생각하기에 말도 안 되는 이유 때문입
니다. 부모는 말해요. "뚝! 왜 울어? 도대체 왜 울어?" 우리가
반사적으로 내뱉는 익숙한 말들입니다.

부모는 아이가 우는 이유를 정말 모를까요? 마음대로 안 돼서,
장난감을 안 사줘서, 스마트폰을 안 줘서…. 울기 직전 상황을
어른인 부모가 모를 리 없습니다.

아이가 자신의 감정을 표현하는데 왜냐고 묻는 것은 난센스예
요. 그 감정이 들어서 표현하는데, 왜 그 감정을 느끼느냐고 물
으면 도대체 뭐라고 대답해야 할까요? 그 상황이 슬퍼서 눈물
이 나는데, 내가 아닌 다른 사람이 왜 슬프냐고 따지는 것과 같
습니다.

감정은 그 사람만의 고유한 영역이에요. 화를 내는 사람에게
"왜 화를 내는데?"라고 물으면 대부분 "내가 지금 화를 안 내

게 생겼어?"이렇게 말해요. 화를 갑자기 멈추고 "아, 내가 왜 화를 내는가 하면…"이라고 논리를 갖추어 설명할 수 있는 사람은 많지 않습니다.

아이가 짜증을 내거나 울 때, 왜 우리는 아이도 아니면서 어쩔 줄 모르고, 불편해하고, 못 견딜까요? 상대방의 감정을 내 것처럼 떠안기 때문입니다. 그 감정이 때론 잘못되었어도 그 사람 것이에요. 그 감정이 나를 향한다며 지나치게 반응할 필요는 없습니다.

이렇게 말해주세요. 천천히 소리 내어 읽어볼까요?

"아이고, 자꾸 눈물이 나오는구나.
 실컷 울어. 괜찮아.
 다 울 때까지 기다려줄게.
 다 울고 나면 그때 이야기하자."

그리고 가만히 지켜봐주세요. 이렇게 말해주기만 해도 아이들은 많이 진정합니다.

엄마도 너랑 같이 있을 때가
제일 좋아

아이가요, "나 유치원 안 가고 엄마랑 있으면 안 돼?"라고 묻습니다. 유치원이나 어린이집을 한참 쉬다가 다시 가야 할 때 아이들이 이런 말을 자주 합니다. 이럴 때 너무 심각해지지 마세요. 그냥 편하게 대답해도 됩니다.

"엄마도 그랬으면 좋겠어. 엄마도 너랑 같이 있을 때가 제일 좋아." 물론 이렇게 말하면 아이는 금세 신이 나서 "엄마, 우리 그러자!"라고 말할지도 모릅니다. 이럴 때는 "토요일, 일요일에 그러자"라고 말해주세요. 아이가 왜냐고 묻겠지요. "엄마도 나가서 열심히 일해야지. 그게 사람이 해야 할 일이야. 하지만 엄마는 그 일보다 너랑 같이 있는 게 더 좋아"라고 말해주세요.

"엄마도 너랑 있고 싶은데, 돈을 벌지 않으면…." 이렇게 말하지는 말아주세요. 아이는 이러지도 저러지도 못해 참 난처해집니다. "네 학원비 때문에 엄마가 돈을 벌어야 해"라고 말하는 분들도 있어요. 이런 말까지 들으면 아이는 죄책감을 느끼기도 해요. 세상이 미워지기도 합니다. 어린 나이에 그런 생각까지는 하지 않게 하면 좋겠어요.

"엄마도 일이 중요해. 엄마 인생도 있잖니?"라고 말하면 어떨까요? 틀린 말은 아니지만 아이는 부모에게 절대적으로 최우선이고 싶어해요. 부모가 자신을 조건 없이 사랑하기를 원합니다. 아이가 어릴수록 더 그래요. 엄마가 이렇게 말하면 아이는 속으로 자기 자신과 엄마의 일 사이 경중을 비교하게 됩니다. 엄마에게 자신이 절대적으로 중요한 사람이 아닌 것 같아 서운해질 수 있어요.

그렇다면 "내가 널 챙겨야 하는데 미안하다"라는 말은 어떨까요? 이 또한 그다지 좋은 말이 아닙니다. 우리의 행위 하나하나는 스스로 신중하게 생각해서 결정한 것이어야 합니다. 아이 또한 이것을 배워야 하지요. 엄마가 본인은 원하지 않는데 어쩔 수 없이 일을 한다고 말하면 아이는 어떤 생각이 들까요?

아이의 눈높이에 맞춰 이렇게 말해주세요. 소리 내어 읽어보길 바랍니다.

> "엄마도 그랬으면 좋겠어.
> 엄마도 너랑 같이 있을 때가 제일 좋아."

네가 무슨 말을 하는지
잘 듣고 싶어

통화할 때마다 꼭 뭘 해달라고 요구하면서 통화를 방해하는 아이들, 있지요? 이럴 때 "그래, 알았어. 도와줄게. 그런데 이 통화가 끝나야지만 해줄 수 있어. 기다려"라고 상황을 설명해주세요. 그리고 "아빠는 네가 무슨 말을 하는지 잘 듣고 싶어. 지금 아빠가 통화 중이니까 끝날 때까지 조금만 기다려줄래?"라고 덧붙입니다. 통화가 다 끝난 뒤에는 "아빠가 전화하는 동안 잘 기다려줘서 고마워"라고도 이야기해주세요.

소리 내어 읽어볼까요?

> "아빠는 네가 무슨 말을 하는지 잘 듣고 싶어.
> 지금 아빠가 통화 중이니까
> 끝날 때까지 조금만 기다려줄래?"

조금만
기다려줄래?

그래도 매번 통화를 방해한다고요? 전화를 걸기 전 아이에게
미리 협조를 구하는 방법도 있습니다. "아빠가 앞으로 10분 정
도 통화를 할 건데 잘 기다려줄 수 있니?"라고요. 언제, 몇 분
뒤에 통화를 끝낼 것인지 아이가 알게 하는 것이지요. 그동안
아이가 좋아하는 장난감이나 교구를 가지고 놀게 하거나 그림
책을 보면서 기다려달라고 부탁해두세요. 조금 나을 겁니다.

말하지 않아도 이해할 거라고 생각하기보단 구체적인 말로 양
해를 구하고 대안을 이야기해주세요. 아이는 어리기 때문에 자
기 입장에서만 세상을 봅니다. 부모를 방해하고 싶어서 그런
것이 아니랍니다.

"안 돼"를 유난히 못 받아들이는 아이

"안 돼"라는 말에 유난히 예민한 아이들이 있어요. 왜 그럴까요? 여러 가지 이유가 있지만, 가장 대표적인 이유는 '자기 의견을 받아주는 것=나를 사랑하는 것'이라고 생각하기 때문입니다. 아이는 자기 의견을 받아주지 않으면 자기를 사랑하지 않는다고 여겨 기어이 애정을 확인하려 들거든요. 사랑을 확인하려고 끝까지 자기 의견을 고집합니다.

모든 아이가 이와 같은 사례에 해당하지는 않지만 그동안 부모가 아이에 대한 사랑을 물건을 사주며 해결해왔거나, 아이의 요구를 기준 없이 들어주어서 아이가 이렇게 행동할 수 있어요. 아이의 요구를 지침 없이 들어주면 아이는 늘 그래야 한다고 생각하기 때문에 거절이나 좌절을 잘 받아들이지 못해요.

반대로 아이의 요구를 지나치게 들어주지 않거나 아이의 의견을 받아주지 않을 때도 이럴 수 있습니다. 말은 곱게 하는데 뭐든 끝까지 안 들어주는 부모도 있어요. 아이의 요구를 너무 안 들어주면, 아이는 부모가 자기 뜻을 들어주고 안 들어주고를 기준으로 자신에 대한 부모의 사랑을 판단해요. 그래서 "안 돼"라는 말을 들으면 감정적으로 굉장히 힘들어합니다.

지나치게 예민한 아이들도 "안 돼"라는 말을 편안하게 받아들이지 못합니다. 보통 "안 돼"라는 말을 웃으면서 할 수 없어요. 말 자체에 단호함이 배어 있습니다. 지나치게 예민한 아이들은 안 된다는 말 자체를 공격으로 받아들여요.

기분이 나빠지고 말을 듣기 싫어집니다. 어떤 아이는 공격에 대한 대항으로 말대꾸를 위한 말대꾸를 하기도 해요.

상황이 이렇다 보니 예민한 아이를 키우는 일부 부모는 아이의 반응에 대응하기가 괴로워 되도록 아이를 건드리지 않으려고 합니다. 결국 지나치게 허용적인 육아를 하게 되지요. 그래서 예민한 아이들은 지침을 제대로 배우지 못하는 경향도 있습니다. 그런데 지침을 배우지 못하면 "안 돼"라는 말에 점점 더 예민해질 수밖에 없어요.

어떤 아이든 다른 사람과 살아가려면 지침을 배워야 합니다. 예민한 아이들도 당연히 지침을 배워야 해요. 다만 이런 아이들에게 지침을 줄 때는 준비가 필요해요. 도배할 때 벽의 상태에 따라 초배지를 바른 뒤 벽지를 바르기도 하고, 그냥 바르기도 하는 것처럼 말이죠. 예민한 아이들에게는 "안 돼"라고 말하기에 앞서, 벽지를 바르기 전에 초배지를 바르듯 아이 마음에 초배지를 먼저 발라주세요. 지침을 주기 전에 "엄마가 너를 사랑하지만 못 들어주는 것도 많아" "혼내는 거 아니야. 너에게 이걸 꼭 가르쳐줘야 해서 말하는 거야" "아빠가 너를 사랑하지만 이건 못 들어줘"라고 부드럽게 말해주세요. 이렇게 말하고 나서 지침을 줄 때는 무섭지 않은 표정으로, 너무 크지 않은 목소리로 말해주세요. 하지만 분명하게 말하셔야 합니다. 그래야 아이가 "안 돼"라는 말에 전보다 덜 예민하고 더 유연하게 반응할 수 있습니다.

미안해할 일 아니야, 배우면 되는 거야

얼마 전 고속도로 휴게소 화장실에서 있었던 일이에요. 옆 칸에서 이런 말이 들려왔습니다. "너 음식을 골고루 안 먹으니까 똥을 찔끔찔끔 토끼처럼 누잖아?"

"엄마, 죄송해요. 잘못했어요. 용서해주세요. 이젠 진짜 잘 먹을게요."

"너 분명히 말했어, 이제부터 골고루 먹어야 해! 알았어, 엄마가 이번에는 용서해줄게. 내일부터 잘 먹는 거다?"

저는 볼일을 보다가 하마터면 뛰쳐나갈 뻔했습니다.

아이를 키울 때 이런 상황이 꽤 많아요. 소아과에 다녀와서 엄마가 "너 그러니까 골고루 먹으라고 했지? 소아과 선생님이 뭐라고 해? 골고루 안 먹어서 감기 걸렸댔지?" 그러면 아이들은 "미안해요, 엄마"라고 말합니다. 아이가 식탁에서 음식을 흘렸어요. "아빠, 미안해요"라고 말합니다. 아빠가 "조심 좀 하라고 했지? 네가 조심하지 않으니까 맨날 음식을 흘리잖아. 다음부

배우면
되는 거야

턴 진짜 조심해. 이번만 용서해줄게"라고 이야기해요.

"미안해요"라고 말하면 사과해야 할 상황인 겁니다. 그런데 위와 같은 상황은 아이가 사과할 상황이 아니에요. 부모가 용서해줄 문제도 아닙니다. 몰라도 가르치고, 실수해도 가르치고, 잘못해도 가르치고, 심지어 나쁜 짓을 해도 가르쳐야 하는 '아이'이니까요.

음식을 흘린 아이가 미안해합니다. 휴지를 옆에 가져다주면서 "흘릴 수 있어. 이건 네가 미안해할 일이 아니야. 닦으면 돼. 흘리지 않고 먹는 법은 천천히 배우면 되고"라고 가르치면 됩니다.

아이가 "잘못했어요. 다시는 안 그럴게요. 용서해주세요"라고 말할 땐 어떻게 말하면 좋을까요? "이건 네가 아빠한테 용서받을 잘못이 아니야. 배우면 되는 거야. 이렇게 저렇게 하면 더 잘할 수 있어. 이번에 좋은 것 배웠네." 이렇게 가르쳐주고 넘어가면 됩니다.

아이를 키울 때, 미성년자인 아이가 부모에게 "미안해요. 잘못했어요. 용서해주세요"라고 말할 상황은 없습니다. 부모가 "이번만 용서해줄게"라고 대답할 만한 상황도 사실 없어요.

소리 내어 읽어보세요.

"이건 네가 미안해할 일이 아니야.
  배우면 되는 거야.
  이번에 좋은 것 배웠네."

중요한 이야기라서 웃으면서 말할 수 없는 거야

부모가 훈육하는데 아이가 눈을 자꾸 피해요. 이럴 때 "엄마 눈을 보세요. 눈!"이라고 말하지 마세요. 아이가 눈을 마주치지 않거나 내리깔면 마음이 불편하다는 뜻입니다. 아이는 '엄마의 표정이나 목소리 톤을 감당하기 힘들어요. 너무 무서워요'라고 말하는 것과 같아요.

눈을 응시하는 행위는 굉장히 강렬한 시각 자극을 줍니다. 야행성 맹수가 밤에 눈을 번뜩이고 노려보는 것 같은 원초적인 공포와 두려움을 유발하기도 합니다.

부모가 눈을 보라고 하는데 아이가 계속 안 보면, 지침의 주제가 아예 바뀌기도 합니다. 다뤄야 할 중요한 주제는 다루지도 못하고 '눈을 보라'는 이야기만 하다가 끝나기도 해요.

평소 서로 편할 때는 눈을 맞추며 이야기하는 것이 당연히 좋아요. 아이의 눈동자에 부모의 얼굴이 비치는 것, 정말 좋은 현상입니다. 하지만 훈육할 때는 아이가 굳이 부모의 눈을 보지 않아도 돼요. 아이가 듣고 있기만 하다면 그냥 두셔도 됩니다.

눈을 피하는 아이에게는 이렇게 말해주세요. 소리 내어 읽어보세요.

"무섭니? 혼내는 것 같아? 그런 건 아니야.
　중요한 이야기라서 웃으면서 말할 수 없는 거야.
　잘 들어봐."

면접을 앞두고 상대의 눈을 마주 보기 힘들다면서 저에게 상담을 요청하는 사람들이 있어요. 이때 저는 "눈을 어디에 고정할지보다 편안하게 말하는 게 더 중요해요"라고 말해줍니다. 그러면 저에게 물어요. "눈을 쳐다보지 않으면 면접관들은 제가 무언가를 숨긴다고 오해하지 않을까요?" 제가 말하지요. "실제로 무언가를 숨기는 것이 아니면 되는 거예요. 그냥 편안하게 말하세요. 당황하면 당황했다고 말해도 됩니다. 편안하게 말하는 것은 진심을 말하는 거예요."

노는 건 좋은 거야

우리 아이들, 자주 하는 말이 있어요. "놀아주세요." 이럴 때 뭐라고 대답하세요?

좀 큰 아이에게는 대번 "야, 공부해야지. 너 숙제는 다 했어?"라는 말이 입 밖으로 나갑니다. 우리나라 부모들은 노는 게 좋다는 것을 잘 인정하지 않아요. 저는 "노는 건 좋은 거야. 재미있지"라고 말해줍니다. 아이들이 진료실을 둘러보고 "책이 이렇게 많은데요. 책 좋아하시는 거 아니에요?"라고 물어요. 저는 "필요해서 읽긴 읽었지. 그래도 노는 게 더 좋아"라고 대답해줘요.

아이가 부모에게 놀아달라고 말하는 건, 시간을 같이 보내고 싶다는 의미입니다. "엄마도 너랑 노는 게 좋아. 노는 건 좋은 거야. 재미있지. 조금만 기다려. 거품 묻은 그릇 두 개만 더 닦고 같이 놀자"라고 흔쾌히 '예스'를 외쳐주세요. 잠깐 놀아주고 다시 일하더라도 그렇게 말해주었으면 합니다.

엄마만큼 키가 자란 아이들도 곧잘 놀아달라고 조릅니다. 그런데 부모는 면박을 줘요. "다 큰 게 뭘 놀아달라고 해! 친구들이랑 놀아" 내지는 "너 혼자서도 잘 놀잖아. 그림 그려. 만화책 봐. 공부하라고 하면 놀고 싶다고 하면서, 놀라고 하는데도 혼자는 못 노니?"라고 말해버려요.

아이들이 놀아달라고 말하는 것은, 부모와 소통 혹은 교감을 하고 싶다는 의미예요. 자신이 가장 좋아하고 사랑하는 부모와 무언가를 공유하고 교감하면서 자신을 좀 진정시키고, 스트레스도 해소하고, 즐거움을 얻고 싶어서 '놀아달라'고 하는 겁니다.

솔직히 놀아달라고 하는 지금이 고마운 거예요. 조금만 더 자라면 부모가 옆에만 가도 뭔가를 캐내려고 하나 싶어서 도망가버리거든요.

소리 내어 읽어보세요.

"엄마도 너랑 노는 게 좋아.
노는 건 좋은 거야. 재미있지.
조금만 기다려.
같이 놀자."

맛있게 먹어보자,
음, 맛있다

아이가 식탁 앞에서 밥을 잘 안 먹고 있어요. 협박하지도 말고 애원하지도 말고 이렇게 말해보세요. "아이, 맛있겠다. 먹는 것은 중요한 거야. 맛있게 먹어보자."

애들이 "맛없어"라고 말하면 화내지 말고 가볍게 "뭘 하면 맛있을까?"라고 말해줍니다. 아이가 뭔가를 해달라고 말하겠지요. "그래. 오늘 저녁에는 엄마가 그거 해줄게. 지금은 이거, 맛있게 먹어보자"라고 말합니다. 그리고 아이가 조금 먹으면 아이를 보면서 "음, 맛있다"라고 말해주세요.

아이가 뚱한 표정으로 "아니야, 맛없어"라고 불평할 수도 있어요. 그래도 굴하지 말고 "맛있게 먹어보자. 음, 맛있다"라고 표현해주세요. 이 식탁에서 다른 말은 하지 마세요. "안 먹으면 키 안 큰다" "감기 걸린다" 등의 다른 말을 하기보다 이렇게만 말하고 끝내는 것이 훨씬 좋습니다.

장난꾸러기처럼 가볍고 즐거운 느낌으로 이렇게 표현하면 좋겠습니다. 소리 내어 읽어보세요.

"맛있게 먹어보자."
"음, 맛있다."

위험해, 만지지 마라

부모들은 참 많이 쓰는 말인데, 아이들은 도통 무슨 뜻인지 모르는 말이 있어요. 바로 "누가? 누가 그렇게 하랬어?"와 "해야 해? 말아야 해?"입니다.

빵집에서 아이가 진열된 빵을 손가락으로 콕콕 찌릅니다. 빵을 고르던 아빠가 깜짝 놀라 아이의 손을 거칠게 낚아채며 말합니다. "어허, 이놈! 누가 이렇게 하라고 했어?" 아이는 고개를 갸우뚱하며 생각합니다. '어? 어? 누가 하라고 했지?'

아이들은 정말 그렇게 생각해요. 그래서 아이가 어릴수록 정확하게 "하지 마"라고 핵심만 말해주는 것이 좋습니다. "너, 누구한테 배웠어?" "누가 그러래?"라는 말도 마찬가지예요.

여전히 뜨거운 다리미를 아이가 만지려고 해요. 이전에도 여러 번 주의를 주었는데 또 만지려고 합니다. 아빠는 무서운 얼굴로 "또 또 또 그런다, 이거 만져야 돼? 만지지 말아야 돼?"라고 말합니다. 아이는 어려운 시험문제를 받아 든 사람처럼 한숨을 푹 쉬면서 고민하게 돼요. '음…. 만지지 말라는 걸까? 만지라

는 걸까?'

이럴 때도 "이것은 위험해. 만지지 마라" 하고 분명하게 말해주는 것이 가장 좋아요. 부모가 "너 어디 한번 데어봐, 데어봐"라는 식으로 표현하면 아이는 부모의 의도가 무엇인지 상당히 헷갈립니다.

소리 내어 읽어보세요.

"이것은 위험해.
 만지지 마라."

아이의 겨를, 부모의 겨를

며칠 전에 만난 남자아이 이야기를 해드릴게요. 이 아이는 초등학교 1학년입니다. 아이는 들어오자마자 "원장님, 왜 자꾸 나 보자고 해요?"라며 투덜거렸어요. 그러면서 "나 오늘 여기 오기 싫었어요"라고 말하더군요. 제가 "야, 그래도 좀 보자. 원장님은 너 보고 싶었어"라고 말했지요. 아이는 "나는 보기 싫었다고요!"라고 짜증이 나는 듯이 말했습니다. 제가 웃으면서 "그래, 그래도 돼. 그래도 원장님은 너랑 이야기해야겠어"라고 말했어요. 아이는 다시 "아이, 오기 싫었는데…" 하기에 제가 "그랬겠다. 멀리서 오려면 좀 힘들긴 하지"라고 말했습니다. 아이는 조금 편안한 얼굴이 되어서는 "그런데요, 원장님…" 하면서 등에 멘 가방에서 주섬주섬 작은 팽이와 장난감 자동차 몇 개를 꺼내놓았습니다. 제가 "와!" 하고 감탄하니 아이는 씨익 웃으면서 "저 오늘 이거 원장님이랑 놀려고 가지고 왔어요"라고 말하더군요. 저는 "그래 놀자. 재미있겠다"라며 아이와 한참 이 이야기 저 이야기를 하면서 놀았습니다.

그러다 아이 부모와 이야기할 시간이 되었어요. 제가 아이에게 "○○아, 원장님이 오늘 너를 만나서 이야기하는 것이 정말 좋았는데…"라고 말을 꺼냈더니 아이는 살짝 미소를 지으면서 "엄마 아빠 만난다고요? 알았어요"라고 말했습니다. 그러면서 "그럼, 이거 가지고 나가야겠다" 하기에 보았더니 컵에 반쯤 남은 포도 주스였어요. 아이는 컵에 컵받침을 받쳐서 가져가려고 했습니다. 좀 힘들어 보였어요. 제가 "어떤 것을 들어줄까?" 하고 물으니 아이는 컵을 들어달라고 했어요. 그래서 제가 컵을 들고는 "나가자"라고 했더니 아이가 "원

70

장님 손 다치셨어요?"라고 묻더군요. 당시 제가 종이에 손을 베여 반창고를 붙이고 있었거든요. "맞아. 종이에 베였어"라고 대답했더니, 아이가 "아, 아팠겠다" 하고 반응하며 정말 안쓰러운 표정을 지었습니다. "이거 알아봐주는 사람이 너밖에 없다. 고마워." 아이에게 제가 그렇게 인사했지요.

그때 저는 그 아이가 정말 예뻐서 코끝이 찡해질 정도였습니다. 처음 찾아왔을 때, 이 아이는 누가 말만 걸어도 소리를 지르고 의자를 들어 어린이집 아이들을 위협하곤 했어요. 그러던 아이가 이렇게 상냥하고 자상해진 겁니다. 아직도 만남 직후엔 부정적인 태도를 조금 보이기도 해요. 이 아이는 조금만 불안해지면 부정적인 태도로 자신의 불편한 감정을 완화하거든요. 이때 편안하게 기다려주니까 아이에게 불안이 완화되면서 '겨를'이 생겼어요. '겨를'이 생기니 부정적이던 아이가 주변을 돌아보고 심지어 다른 사람을 챙기기까지 한 거지요. 너무 예쁘지 않나요?

낯설고 새로운 것이 주변에 가득한 우리 아이들, 지금은 불안할 수 있어요. 불편할 수 있습니다. 조금만 기다려주세요. 마음이 편안해야 여유가 생기면서 '겨를'도 생깁니다.

부모도 그렇습니다. 그 정도면 잘하고 있는 거예요. 믿으세요. 마음을 편하게 먹으세요. 부모도 '겨를'이 있어야 아이의 '겨를'을 챙길 수 있습니다.

걱정 마세요. 아이도 당신도 분명 잘할 수 있을 거예요.

아이가 몇 살인가요?
우리는 내 아이만 했을 때 어떤 말을 듣고 싶었나요?

엄마가 위험하니 들고 가지 말라고 하는데도
아이는 우유가 가득 담긴 컵을 두 손으로 받쳐 들고 갑니다.
기저귀를 차고 있는 엉덩이로 뒤뚱뒤뚱
나름대로 조심조심 들고 가네요.

그런데 이런! 식탁까지 거의 다 왔는데 엎지르고 말았어요.
거실 바닥에도, 아이 몸에도 온통 하얀 우유가 묻었습니다.
엄마가 외마디 소리로 말해요. "거봐, 엄마가 안 된다고 했잖아!"
아이가 "으앙!" 하고 울음을 터뜨립니다.
엄마가 "괜찮아. 큰일 아니야. 거기 서 있어. 닦아줄게"라고 이야기해요.
아이는 속상한 마음에 입을 삐죽삐죽합니다.
엄마가 "이런…. 괜찮아. 못 먹었지? 또 줄게" 해요.
아이가 엄마한테 와락 안깁니다.

대개 아이들은 문제 상황에 처하면
본인이 결정적인 원인을 제공했어도
무척 당황해요. 굉장히 두려워합니다.

어린아이만 그런 것이 아니에요. 제법 큰 아이도 그렇습니다.
아이는 그 순간 부모가 자신을 안심시켜주기를 바랍니다.
그럼에도 불구하고 사랑한다고 부모가 말해주기를 바랍니다.
우리도 그때 그랬어요.

Chapter 2

내가 내 아이만 했을 때,
듣고 싶었던 말

오늘 뭐 하고 지냈어?

아빠가 퇴근하고 집에 왔습니다. 사춘기에 막 접어든 아이가 아빠를 보고도 쓰윽 지나가네요. 아빠는 좀 민망해집니다. 그러다가 "야, 너는 아빠 보고 인사도 안 하냐?"라는 말이 나와버립니다. 이럴 때 아빠가 먼저 "아들, 오늘 뭐 하고 지냈어? 궁금하고 보고 싶었어"라고 다정하게 말해주면 어떨까요?

앙증맞고 귀여운 어린아이를 보면 저절로 입꼬리가 올라가면서 다정한 말이 나옵니다. 하지만 툴툴거리는 사나운 표정의 사춘기 아이를 보면 어른인 우리도 거칠게 말해버리곤 해요. 그런데 사춘기 아이들도, 자신은 아무리 부모에게 반항하며 못된 말과 행동을 해도 부모는 여전히 자신을 다정하게 대해주기를 원합니다. 부모에게 가장 바라는 점이 뭐냐고 물어보면 "엄마, 아빠가 나를 좀 이해해주면 좋겠어요" "나에게 친절하게 말하면 좋겠어요" "나를 따뜻하게 위로해주면 좋겠어요"라고 말하는 사춘기 아이가 많습니다.

다정한 말투로 소리 내어 읽어보세요.

"아들,
오늘 뭐 하고 지냈어?
궁금하고 보고 싶었어."

어떤 분이 "원장님, 저는 원래 그런 말투를 못 써요"라고 말하더군요. 그런데요, 원래 그런 것은 없어요. 우리는 태어날 때부터 원래 '부모'는 아니었습니다. 태어날 때는 그냥 어린아이였고 시간이 흐르며 바뀐 지금의 상태가 부모예요. 부모는 부모에 맞게 말투를 바꿔야 합니다. 아무리 '원래' 그런 사람이라도 바꾸면 또 바뀝니다. 사랑하기 때문에, 부모라서 가능한 일이에요.

어? 그런가?
갑자기 헷갈리네

아이가 부모 앞에서 아는 것을 잘난 척하듯 말합니다. 들어보니 한두 개는 맞는데 많은 부분이 틀렸어요. 이때 "그건 네가 잘못 알고 있는 거야"라고 말하지 마세요. 틀린 부분을 지적하기보다 "오, 많이 알고 있네. 어디서 배웠어?"라고 표현해주세요. "이야, 이건 내가 너한테 배웠네"라고 한껏 추켜올려주세요.

잘못 알고 있는 부분을 알려주려고 했더니 아이가 아니라고 우깁니다. 이럴 때 "어? 그런가? 네가 아니라고 하니까 갑자기 헷갈리네" 하면서 아이와 함께 정보를 찾아보는 것이 좋습니다.

아이가 부모에게 아는 것을 말하는 이유는 "너 정말 많이 알고 있구나!"라는 칭찬을 듣고 싶기 때문이거든요. 아이의 지식이나 의견이 맞든 틀리든, 옳든 그르든 인정해주고 때로는 좀 과장해서 치켜세워주었으면 합니다.

시간이 지나면 부모와 나누었던 대화는 느낌만 남아요. 내용은 잘 기억나질 않습니다. 이야기를 하던 당시 아빠가 "우와, 대단

한데! 그런 것도 알아?"라면서 어깨를 쳐주던 모습, 자기를 대
견해하던 엄마의 표정, 그 표정을 보고 스스로 조금 우쭐하던
기분이 남아요. 그때 부모가 정색하고 자세히 가르쳐준 올바른
지식은 거의 기억하지 못합니다.

소리 내어 읽어보세요.

"오, 많이 알고 있네. 어디서 배웠어?"
"어? 그런가?
 네가 아니라고 하니까 갑자기 헷갈리네."

조금 진정한 뒤에
다시 이야기하자

우리는 아이가 화를 내면 비슷한 감정으로 맞받아치는 경향이 있습니다. 아이가 "아, 신경질 나"라고 말하면 "네가 왜 신경질이 나? 네가 돈을 벌어 왔어? 공부를 열심히 했어?" 하는 식으로 말이죠.

아이가 신경질을 내면 이렇게 말해보세요. 소리 내어 읽어볼까요?

> "그런 기분으로 무슨 이야기가 되겠니.
> 엄마는 너랑 꼭 이야기를 해야겠는데
> 지금은 아닌 것 같네.
> 조금 진정한 뒤에 다시 이야기하자."

한 걸음 물러나는 겁니다. 사춘기 아이가 강하게 반응할 때 부

모가 더 강하게 반응하는 것은 금물이에요. 아이가 흥분해 있을 때는 부모가 먼저 참고 물러나세요. 무조건 져주라는 뜻이 아니에요. 물러나서 아이가 그 상황을 안전하게 느끼게 만들어주라는 의미입니다. 그래야 아이가 극단으로 치닫지 않고 자신의 상황을 정리해볼 수 있어요. 아무리 화가 나도 감정을 폭발시키지 않고 스스로 문제를 해결할 수 있다는 소중한 경험을 해볼 수 있습니다.

그 친구의 그런 면은 참 좋구나

아이 친구에게 문제가 좀 있는 것 같아요. 공부를 안 하는 것이
그 친구 때문인 것 같습니다. 그렇더라도 아이 앞에서 친구를
흉봐서는 안 됩니다. 아이가 아예 친구 이야기를 꺼내지 않게
돼요.
부모가 봤을 때 친구에게 문제가 있는 것 같다면 우선 아이에
게 그 친구의 어떤 면이 좋으며, 어떤 이유로 친하게 지내는지
물어보세요. 그런 다음 조심스럽게 이렇게 말해주세요.

소리 내어 읽어보세요.

> "그 친구의 그런 면은 참 좋구나.
> 그런데 엄마가 볼 때는 이런 면은
> 문제가 좀 있는 것 같아.
> 그것을 네가 고쳐줄 수는 없겠지만
> 영향을 받으면 안 될 것 같다."

아이가 친구랑 노느라 학원에 가지 않았어요. "너, 친구들이랑 어울리느라 학원 빼먹었지? 너랑 어울리는 애들 보니까 다 똑같더라. 그 아이들은 왜 그따위냐? 하고 다니는 것 하며, 공부도 지지리 못하지?" 이렇게 말하면 안 됩니다.

"그 친구 중에 학원에 안 다니는 아이도 있니?"라고 먼저 물어보세요. 아이가 "다녀요"라고 답하면 그 친구는 학원에 시간 맞춰 잘 가는지 묻습니다. 따지지 말고 물어본 다음, 그 친구는 제때 잘 간다고 아이가 말하면 "너도 그런 것이 좀 필요하겠네"라고 말해줍니다. 만약 어울려 다니는 친구들이 모두 학원에 안 다닌다고 하면, 그 친구들이 아이가 학원에 다니는 것을 아는지 물어보세요. 친구들이 모른다고 하면 "다음에는 이야기해. 그 친구들한테 몇 시에는 학원에 가야 한다고 이야기해라" 하고 말해주세요.

말 좀 순화해서 하자

초등학교 고학년 즈음 사춘기가 시작되면 아이들은 욕 같은 거친 말을 달고 삽니다. 부모는 걱정되고 듣기도 참 불편해요. 하지만 부모에게 대놓고 욕하는 것이 아니라면 발달상 일시적인 현상이니 과민 반응하지 않아야 합니다.

그렇다고 전혀 모른 척할 수는 없지요. 조금 거리를 두고 중립적인 입장에서 이 정도만 말해주세요. 소리 내어 읽어보세요.

> "말 좀 순화해서 하자."

청소년기에는 연예인에 열광하고, 안 하는 것이 더 예쁜데도 얼굴을 회칠하듯 하얗게, 입술은 빨갛게 화장하기도 합니다. 이 아이들이 10년 뒤에도 이렇게 할까요? 단지 과정일 뿐이에요. 너무 완벽하게 통제하려고 들면 별것 아닌 일까지 아이가 심하게 반항합니다. 부모가 과민 반응을 하면 아이는 오히려 그 문제를 더 중요하게 인식하거든요.

이 시기에는 아이의 성장 발달단계에서는 깊게 나눠야 할 중요한 이야기가 많습니다. 그 중요한 자리에 비속어를 쓰는 문제만을 놓지 마세요. 더 중요하게 다뤄야 할 아이의 문제를 도울 수 없게 됩니다.

부분을 전체로 오해하지 마세요

한 남자 후배가 아들 때문에 걱정이라고 찾아왔어요. 아들은 초등학교 6학년
입니다. 아들이 자기 말을 너무 안 듣는다며 도대체 어떻게 해야 할지 모르겠
다고 토로했어요.

어느 날, 후배가 아들에게 무언가 말했는데 아이가 삐딱한 태도로 반응했습니
다. 후배는 평소보다 좀 더 강압적으로 대응했어요. 요즘 아들의 태도에 문제가
많다고 생각하던 차였거든요. 그랬더니 이 아들이 경찰서에 자기를 신고해버
렸답니다. 후배는 솔직히 좀 황당하기도 하고, 서운하기도 한 모양이었어요. 도
대체 아들과 틀어진 관계를 어떻게 풀어야 할지 고민이라고 털어놓았습니다.

이야기를 다 듣고는 제가 물었어요. "그런데 네 아들이 왜 네 말을 다 들어야
하지?" 후배의 눈이 휘둥그레졌어요. 제가 말을 덧붙였어요. "그렇잖아. 너와
네 아들은 다른 사람이잖아. 그런데 왜 네 말을 아들이 다 들어야 할까? 의견이
다를 수도 있는 거 아닌가?" 후배는 한참 아무 말이 없더니 고개를 갸우뚱하며
"그런가요?"라고 물었습니다.

"당연하지. 다르게 생각하는 사람에게 내 생각을 이야기할 때는 무엇이 옳고
그른지에 대해 그 사람의 생각을 묻고 의논해야 하잖아. 그런데 이야기를 들
어보니 너는 그렇게 안 하네"라고 덧붙였더니, 후배는 "아…" 하고는 짧은 한
숨을 쉬었습니다. "아이를 계속 그런 식으로 대하면 더 큰일이 생길 수도 있어.
문제가 더 심각해질 수도 있어"라고 말해줬어요.

아이가 말을 듣지 않는 이유는 자기 생각이 부모 생각과 다르기 때문일 수 있습니다. 이럴 때 오해하지 마세요. 부모와 생각이 다르다는 것은 부모의 전체를 부인하는 것이 아닙니다. 아빠 자체를 부정하는 것이 아니고, 엄마가 아이를 엄청난 사랑으로 키웠다는 사실을 무시하는 것도 아닙니다. 그저 부모 생각의 일부와 자기 생각의 일부가 다를 뿐이에요. 아이가 부모 말에 반기를 들 때 그것이 '부분'이라는 사실을 의심하지 마세요.

부분을 전체로 오해하면 아이가 아빠의 가치관 전체를 인정하지 않는 거라고, 엄마가 얼마나 사랑으로 키웠는지 모르는 거라고 오해하게 됩니다. 그러다보면 '얘가 나를 무시하네' '어떻게 나한테 이럴 수 있어!'라는 생각에 부모는 화가 납니다. 아이는 아빠의 '그 행동'이, 엄마의 '그 말'이 불편하다는 거예요. 그 부분에서는 부모와 생각이 다르다는 겁니다. 아이가 말하는 '부모의 부분'을 '부모의 전체'로 오해하지 마세요.

또한 아이가 한 말이나 행동이 아이의 전체는 아닙니다. '아이의 부분'을 '아이의 전체'로 오해하지 마세요. 아이는 대체로 괜찮은데 그 부분에만 문제가 있는 겁니다. 부모는 당연히 그 부분을 잘 가르쳐줘야 해요. 하지만 이럴 때 "넌 왜 그 모양이니?" "너, 그렇게 살아서는 아무것도 안 돼!"라고 말하는 것은 아이의 전체에 문제가 있다고 말하는 것과 다름없습니다. 부분은 부분으로만 다루세요.

그리고요, 아이는 나와 다른 생각을 지닌 다른 사람입니다. 내가 낳았다는 사실만으로 아이가 나의 단점까지 좋아해줄 수는 없어요. 아이는 부모를 사랑하지만 싫어하는 점도 있어요. 이를 받아들여야 합니다. 그래야 아이와 부모 모두 발전할 수 있습니다.

Chapter 2
026

보기만 하는 거야

남의 집에 놀러 가면 그 집 장식품을 꼭 만지는 아이들이 있어요. 만지면 큰일 난다고 아무리 겁을 줘도 아이는 어느 틈에 손 대버리지요.

아이가 왜 그럴까요? 처음에는 그냥 궁금해서입니다. 그런데 부모가 "안 돼! 망가져! 너 큰일 난다!" 하고 무섭게 말하면 아이는 갑자기 불안해져요. 불안해지면 그 옆에도 못 가는 아이가 있는가 하면, 오히려 '탁' 만져버리는 아이도 있습니다. 이런 아이들은 이번에 못 만졌다면 다음에 그 집에 들어오자마자 얼른 뛰어가서 장식품을 만져버리기도 해요. 불안을 자기 방식대로 끝내기 위해서입니다. 만져봐서 '아, 큰일은 안 나네' 하고 안심하고 싶은 거예요. 만져보지 않으면 무서운 마음을 진정할 수 없기 때문에 기어코 만지고 마는 것입니다.

이런 아이들이 남의 물건을 만지려고 할 때, 주인에게 양해를 구하고 아이와 함께 충분히 관찰하는 것이 좋아요. "너 궁금해서 그러지? 엄마랑 같이 보자. 잘 봐. 와, 정말 작은데 바퀴도 있네." 이런 식으로 말을 건네세요.

아이가 만지려고 하면, "아니. 보기만, 보기만 하는 거야"라고 가르쳐줍니다. 아이가 왜냐고 묻겠지요. "너무 작아서 만지면 망가져. 그러면 아줌마가 소중하게 생각하는 물건이니까 속상하시겠지? 보기만 하는 거야"라고 말해주세요. 그래도 손대려고 하면, 아이 손을 살짝 잡고 "보기만 하는 거야. 또 뭐가 있나 보자. 봐보자"라고 말하면서 보기만 해야 한다는 점을 강조해줍니다. 아이가 "여기 문도 있어. 열어볼래"라고 반응하기도 해요. 이때 "잘못하면 문이 망가지겠는데, 보기만! 또 봐보자. 뭘 볼까?" 하면서 다시 보게만 하세요.

이렇게 탐색이 끝나면 호기심이 전보다 훨씬 덜해집니다. 아이는 이런 경험으로 '아, 그냥 보기만 하는 거구나. 만지지 않고 보기만 해도 괜찮구나'라는 점을 배웁니다.

친절한 목소리로 소리 내어 읽어보세요.

"너무 작아서 만지면 망가져.
그러면 아줌마가 속상하시겠지?
보기만 하는 거야."

가지고 노는 거야

어린아이들은 무엇이든 입으로 잘 가져가요. 장난감도 예외는 아니지요. 블록을 가지고 놀다가도, 다른 소꿉 장난감을 가지고 놀다가도, 어느 틈에 입으로 가져갑니다.

이런 모습을 보면 부모는 깜짝 놀라며 "빼!" "지지!"라고 외치게 됩니다. 이때 아이들은 정말 많이 놀라요. 아이가 몸에 해로운 것을 만지거나 입에 넣을 때, 위험하다고 알려줘야 합니다. 다만 소리를 너무 크게 하거나 거칠고 갑작스럽게 말하지는 마세요. 아주 위험한 상황이 아니라면 소리를 지르기보다는 얼른 가서 아이 손을 입에서 살짝 빼주는 것이 좋습니다. 입에 넣으면 안 되는 위험한 물건은 미리 치우고, 매일 가지고 놀아야 하는 장난감은 자주 소독하는 방법이 더 좋아요.

아이들이 장난감을 입에 자꾸 넣는 이유는 용도에 대한 인지가 부족하고, 아직도 입으로 물건을 탐색하는 단계에 머물러 있어서 그래요. 장난감 중에는 과일이나 채소, 햄버거나 케첩처럼 음식 모양인 것도 많으니 더욱 헷갈릴 수밖에요.

아이가 장난감을 입에 넣으면 "가지고 노는 거야"라고 여러 번 가르쳐주세요. 그리고 부모가 직접 어떻게 가지고 노는지도 보여주세요. 예를 들어 팽이는 "이렇게 돌리는 거야" 하면서 직접 돌려봐주고, 케첩 장난감은 "케첩입니다. 햄버거 어딨나요?" 하면서 케첩 뿌리는 흉내를 내줍니다. 그래도 장난감을 자꾸 입에 넣으면 "그만"이라고 가볍게 말해줍니다. 부모 말에 아이가 장난감을 입에서 빼면 "그렇지, 잘했어"라고 칭찬도 해주세요.

소리 내어 읽어볼까요?

"가지고 노는 거야."
"그만."

이제 들어가야 해

햇볕이 따뜻한 오후, 아직 두 돌이 안 된 아이가 오랜만에 놀이 터에 나왔습니다. 세 시간 정도 놀았을까요? 이제 그만 들어가 자고 했어요. 아이는 조금만 더 놀고 싶다고 계속 떼씁니다.

이럴 때 부모의 반응은 보통 두 가지로 나뉩니다. 우선, 설명하 다가 혼내는 반응이 있습니다. 상황을 자세히 설명해주면 아 이가 이해하고, 이해하면 납득해서 설득될 거라고 생각합니다. 그러나 아이들은 그렇지 않아요. '약속'의 개념조차 잘 모르는 걸요.

다른 반응 하나는 아무 설명 없이 아이가 뭐라고 하든 무표정 한 얼굴과 단조로운 톤으로 "안 돼, 안 돼" "하지 마, 하지 말라 고 했어" 하고 경고하는 것입니다. 아이는 부모가 자신의 마음 을 전혀 몰라주는 것 같아 마음의 상처를 입을 수도, 더 떼쓸 수도 있어요. 아이는 기분만 상하고 지침은 배우지 못합니다.

그런데 기분이 나쁜 것은 부모도 마찬가지예요. 아이를 잘 다 뤘다는 느낌보다 '도대체 얘는 왜 이렇지?'라는 생각이 더 많

오늘 재미있게 놀았다, 그렇지?
이제 들어가야 해

이 들기 때문입니다.

언제나 문제가 발생한 현장에서는 간단하게 말하고 지침만 알려주면 돼요. 아이가 어릴수록 그렇습니다. 소리 내어 읽어보세요.

"오늘 재미있게 놀았다, 그렇지?
이제 들어가야 해.
집에 갈 거야."

이렇게 말해도 아이는 "싫어, 싫어!" 하면서 울 수 있습니다. 그러면 "내일 또 와서 놀자" 이렇게 말해주고 아이를 바짝 품에 안고 집으로 들어가면 됩니다.

안고 들어가면서 "너 이렇게 재미있게 놀고 나서 징징거리면 어떡해?" "왜 이렇게 말을 안 들어, 너 다시는 안 나올 줄 알아!"라는 말은 하지 마세요. 그냥 그렇게 끝내세요. 그리고 내일은 말한 대로 꼭 다시 데리고 나오면 됩니다.

꼭! 꼭! 꼭! 기억해!

부모의 지시를 금세 잊어버리는 아이들이 있어요. 우리가 흔히
말하는 기억력이 아니라 '작업 기억력'이 덜 발달해서 그렇습
니다. 작업 기억력은 정보를 뇌에 잘 저장했다가 필요한 순간
인출해서 쓰는 능력이에요. '주의력'이라고도 표현할 수 있지
요. 초등학교에 진학할 즈음 아이들은 과거에 들은 것을 기억
하고, 이전에 벌어진 사건도 기억해낼 수 있습니다. 작업 기억
력이 연령에 맞게 발달했기 때문이에요.

아이에 따라서는 작업 기억력이 또래보다 더디게 발달하는 경
우도 있어서 초등 저학년이어도 부모의 지시를 금세 잊는 모습
을 보일 수도 있습니다. 이런 아이들에게 "엄마가 몇 번을 말했
어! 또 잊어버렸어? 너 바보야?"라고 혼내는 것은 효과가 별로
없습니다. 뇌 발달과 관련된 능력은 강하게 혼낸다고 단번에
좋아지지 않아요. 그럼 어떻게 해야 할까요?

어린아이가 지시를 잘 잊어버리는 모습을 당연하게 받아들이
세요. 그리고 잊어버리지 말아야 할 것은 그때그때 말해주면

제일 좋습니다.

말해줄 때는 약간의 스킬이 필요해요. 조금 더 중요한 것은 분명한 지시어를 사용해 강조하면 좋습니다. 예를 들면 "이건 꼭! 꼭! 꼭! 기억해!"라는 식으로 강조해서 아이가 더 집중하도록 돕는 것이지요.

주의할 점은 그 외의 군더더기는 더하지 말아야 한다는 점입니다. 너무 많은 정보가 생기면 아이는 정작 필요한 정보를 뇌에 입력하지 못할 수 있습니다. "너 지난번에도 잊어버려서 혼났잖아"라고 지적하면 기억해야 하는 것보다 머릿속에 '혼났잖아'라는 말이 더 강렬하게 남기도 하거든요. 이 때문에 아이가 지시를 쉽게 잊어버릴수록 그때그때, 지시어를 분명하게 하여 필요한 말만 짧게 하는 것이 좋아요.

소리 내어 읽어보세요.

> "이건 꼭! 꼭! 꼭! 기억해!"

네 거 맞아

일곱 살 오빠와 다섯 살 여동생이 있어요. 이 남매는 장난감을 두고 자주 싸웁니다. 어느 날, 엄마가 주방에서 저녁 식사를 준비하는데 거실에서 "투다닥" "투닥" 소리가 나더니 "엥!" 하고 울음소리가 납니다. 달려가보니 오빠가 어릴 때 가지고 놀던 장난감을 움켜쥐고 있어요. 여동생은 엉엉 울면서 "오빠가 안 줘"라고 말합니다.

이럴 때 부모는 대부분 "오빠야, 동생은 아가잖아, 줘"라고 많이 말합니다. 오빠가 장난감을 감싸 안으며 "내 건데"라고 말하면, "너 아기 때 가지고 놀았잖아. 지금 가지고 놀지도 않고. 내년에 학교도 가는 애가" 하며 나무랍니다. 그래도 오빠가 다시 "내 건데"라고 말해요. 부모는 또 "동생이 빌려달라잖아"라고 타이릅니다. 오빠가 "난 빌려주기 싫거든"이라고 말해요. 여기까지 이르면 부모는 대부분 "너는 장난감도 많으면서 왜 이렇게 욕심이 많니? 자꾸 그렇게 욕심부리면 이제 장난감 안 사준다!" 하면서 협박합니다.

자, 이럴 때 오빠에게 꼭 해줘야 하는 말이 있어요. 꼭 기억해주세요. 소리 내어 읽어보세요.

> "이 장난감, 네 거 맞아.
> 동생아, 이거 오빠 거야."

여기서 중요한 것은 그 장난감이 '오빠의 것'이라는 사실입니다. 동생을 돌보는 것, 양보하는 것, 서로 나누며 사이좋게 지내는 것, 모두 다 맞는 말이에요. 인간이 배워가야 하는 것이고, 인간만이 할 수 있는 것이기도 합니다. 하지만 이런 가치의 개념을 가르칠 때 순서가 굉장히 중요합니다. 그래야 아이들이 거부감을 느끼지 않거든요. 이런 상황에서 먼저 가르쳐야 하는 개념은 바로 '소유'입니다. 누구의 것인지를 먼저 따지고 그 소유를 인정해줘야 해요.

오빠가 "내 건데"라고 말할 때 "어디 보자, 이거 네 것 맞네. 네거 맞아"라고 말해줘야 합니다. 동생에게도 "이 장난감은 오빠거야"라고 말해줘야 합니다. 이렇게 간단하게 수긍해주며 정당성을 인정해주는 것이 정말 중요합니다.

소유가 분명해야 나누는 것도 가능해요

앞에 한 이야기를 조금 더 해볼게요. 형제가 장난감을 두고 싸우며 서로 자기 것이라고 우길 때가 있습니다. 이럴 때는 하루 날을 잡습니다. 장난감을 다 꺼낸 다음 이름표 스티커를 준비해서 자기 장난감에 자신의 이름 스티커를 각각 붙이게 합니다. 서로 자기 것이라고 주장하는 장난감은 가위바위보를 하든지 비슷한 장난감 두 개를 골라 그 자리에서 하나씩 소유를 정하세요. 그리고 아이들에게 말해줍니다. "네 이름 스티커가 붙어 있는 것만 네 거야."

장난감을 사이좋게 나누어 가지고 노는 것, 정말 좋아요. 그런데 누구의 것인지 구별해주고, 그 권리를 인정해주는 것이 먼저입니다.

장난감을 오빠의 소유라고 인정해줬어요. 그다음 순서가 "오빠야, 이 장난감 네 것인데, 동생에게 빌려줄 수 있어?"입니다. 동생에게 "오빠한테 빌려달라고 해봐"라고도 시킵니다. 동생이 "오빠, 빌려줘"라고 말해요. 그런데 이렇게 말해도 오빠가 안 빌려줄 수 있어요. 좀 전에 그렇게 싸웠는데, 선뜻 빌려주고 싶겠어요? 오빠가 "싫어"라며 거부합니다. 이때 오빠에게 "야, 동생이 빌려달라는 말까지 했잖아"라고 다시 혼내지 마세요. "빌려달라고 하면 빌려줘야지." 이런 말도 하지 마세요. 안 빌려줄 수 있습니다. 주인이 안 빌려주고 싶을 때도 있는 거예요. 이 행동이 옳다는 것이 아니라 어린아이들이 개념을 배우는 순서가 그렇다는 것입니다.

버스로 비유하면 종점에 도달해야 배울 수 있는 개념을, 우리는 첫 번째 정거

장에서 가르치고 싶어하는 경향이 있는 것 같아요. 그런데요, 그러면 아이들은 억울해서 제대로 배우지 못합니다.

장난감 주인이 안 빌려준다고 말해도 어쩔 수 없어요. 동생에게도 그렇게 말해주세요. "빌려줄 법도 한데, 좀 속상하지? 어쩔 수 없어. 내일 또 빌려달라고 해봐. 내일은 오빠 마음이 바뀌기도 해. 오늘은 다른 거 가지고 놀자."

동생이 "나는 저거 가지고 놀고 싶은데! 다른 건 재미없단 말이야!"라고 말할 수도 있습니다. 이럴 때 어떤 부모는 "야! 오빠가 싫다고 하잖아"라고 말하며 동생을 혼내기도 해요. 그러지 마세요. 그냥 "엄마가 재미있게 놀아줄 테니까 있는 것 가지고 놀아보자"라고 말해주세요.

돌발 상황이 발생합니다. 엄마가 동생을 재미있게 놀아주는데, 오빠가 기웃거려요. 이때 "너는 그 장난감만 가지고 혼자 놀아!"라며 면박하는 분도 많아요. 이러면 아이를 가르치는 것이 아니라 아이와 싸우는 겁니다.

"오빠야, 같이 놀자. 그런데 동생하고 장난감 세 개 가지고 놀고 있거든. 너도 장난감 세 개 들고 와"라고 말해보세요. 오빠가 또 "내 건데"라고 말할 수 있어요. "네 것 맞아. 다 놀고 네 것은 네가 잘 챙기면 돼"라고 말해줍니다. 오빠가 "고장 나면 어떡해? 망가지면 어떡해?"라며 걱정할 수도 있어요. 그러면 "글쎄, 던지지도 않는데 고장이 날까? 일단 재미있게 놀고 만약에 고장이 나면 고치면 되지. 우리 그냥 재미있게 놀자"라고 말해주세요. 이게 가르치는 대화입니다.

아이들 간의 장난감 다툼, 포인트는 크게 두 가지입니다. 하나, '소유가 분명해야 나누는 것이 가능하다'는 거예요. 둘, '내 이름이 적혀 있는 것만 내 것이다, 그렇지 않은 것은 양해나 허락을 구해야 한다'입니다.

이런 곳에서 뛰어다니면 부딪혀

사람이 많은 장소에서 아이가 막 뛰어다녀요. 이럴 때 아이에게 어떻게 말하나요? "너 저기 할아버지가 이놈, 하신다! 할아버지, 애 좀 혼내주세요" 또는 "사람들이 다 쳐다보잖아. 그렇게 행동하면 사람들이 싫어해"라고 많이들 말합니다. 아이는 긴장한 듯 똑바로 앉아서 주변을 잠깐 둘러봅니다. 그런데 아무도 뭐라고 하는 사람이 없어요. 아이는 고개를 갸우뚱하며 "혼내는 사람 없는데?" 하고는 다시 뛰어다닙니다.

이럴 때는 "봐, 사람이 많지? 이런 곳에서 뛰어다니면 부딪혀. 뛰면 안 돼"라고 말해주세요. 그렇게 말해도 아이가 뛰어다니면 얼른 가서 아이 손을 꼭 붙잡고 가야 합니다.

소리 내어 읽어볼까요?

> "봐, 사람이 많지?
> 이런 곳에서 뛰어다니면 부딪혀. 뛰면 안 돼."

99

아이에게 어떤 행동을 못 하게 할 때, 우리는 종종 주변 사람을 이용해요. "저 할머니가 쳐다보시잖아. 넌 이제 혼났다!" "너 그렇게 울면 의사 선생님이 왕 주사 놓아주신다!" "너 그렇게 행동하면 친구들이 안 좋아해" "그런 학생은 선생님이 싫어해" 등등….

어떤 장소나 상황에서 하면 안 되는 행동은 다른 사람과 함께 평화롭게 살아가기 위해서 지켜야 하는 원칙입니다. 그 원칙은 나의 기분 상태, 나의 선호, 나의 선택과 관계가 없어요. 다른 사람들의 그것과도 관계가 없습니다. 다른 사람이 있든 없든, 쳐다보든 쳐다보지 않든, 좋아하든 싫어하든 지켜야 하는 것이지요.

따라서 이것을 가르칠 때는 "원래 원칙이야. 사람들과 함께 살아가기 때문에 하지 말아야 하는 행동이 있어"라고 말해줘야 합니다. '아 그런 행동은 하지 말아야 하는구나' 하고 배워 '자신'이 배운 것을, '자신'이 스스로 생각해서, '자신'이 결정해서, '자신'이 행해야 해요. 즉, 배우고 행하는 주체가 '아이 자신'이 되어야 합니다. 이 과정은 아이의 자기 주도성을 키우는 데 굉장히 중요해요.

"그렇게 행동하면 사람들이 너를 좋아하겠어?"라고 말하면 행동의 주도권이 타인에게 있는 겁니다. 도덕성 발달단계에서도 가장 하위단계이지요. 하지 말아야 하는 행동은 다른 사람과 상관없이 언제나 하지 말아야 합니다. 아이 행동을 통제하기 위해서 주변 사람을 운운하는 것은 당장 효과가 있을지는 몰라요. 하지만 옳고 그름의 원칙을 분명하게 가르치기는 어렵습니다.

함께 살아가기 때문에
하지 말아야 하는 행동이 있어

소리를 지르면 나갈 수밖에 없어

유독 공공장소에서 소리를 지르는 아이들이 있어요. 흥분해서 그러든, 떼쓰느라 그러든, 이럴 때 공통으로 해줘야 하는 말은 "여기는 여러 사람이 있는 곳이야. 소리를 지르면 안 되는 거야. 네가 소리를 지르면 나갈 수밖에 없어"입니다.

아이가 계속 소리를 지르면 정말 데리고 나와야 합니다. 그냥 데리고 나와버리는 행동이 좀 인정머리 없게 느껴진다는 분들도 있습니다. 그런데 지침을 주고 행동으로 옮기는 것은 부모의 단호함을 보여주기 위한 것만은 아닙니다. 어린아이들은 언어적 개념이 아직 다 발달하지 않아서, 말귀는 알아들어도 그다음에 어떻게 행동해야 하는지 바로 연결하지 못하는 경우도 많거든요.

그래서 지침을 준 뒤 지키지 않으면 행동으로 보여주는 겁니다. 그러면 아이가 '아, 이렇게 하면 안 되는구나' 하고 깨닫거든요.

소리 내어 읽어보세요.

"여기는 여러 사람이 있는 곳이야.
　소리를 지르면 안 되는 거야.
　네가 소리를 지르면 나갈 수밖에 없어."

다음에 다시 오더라도
오늘은 갈 거야

친구들이랑 실내 놀이터에 갔어요. 아이가 자꾸 볼풀의 공을
친구 얼굴 쪽으로 던집니다. 당연히 주의를 주어야지요.
"이리 와봐. 여기가 아무리 볼풀 공을 마음대로 가지고 놀 수
있는 곳이라도 사람 얼굴을 향해서 던지면 안 되는 거야." 이렇
게 말해주세요. 여기에 "계속 이렇게 행동하면 집에 갈 거야"
를 덧붙일 수 있다면 지금까지 잘 배우신 거예요. 100점입니
다. 하나 더 가르쳐드릴게요. 이 말까지 덧붙이면 200점입니다.

소리 내어 읽어보세요.

> "다음에 다시 오더라도 오늘은 갈 거야."

가르칠 때는 언제나 기회를 또 주어야 해요. 기회를 주면 아이
는 결국 배워냅니다. 누구도 한 번에 못 배워요. 아이라서 더

사람 얼굴을 향해서
던지면 안 되는 거야

그렇습니다.

한 방송 프로그램에서 어떤 분이 도대체 기회를 몇 번이나 줘야 하느냐고 물었어요. 제가 대답했습니다. "천 번, 만 번 주셔야 합니다. 그리고 부모는 그 꼴을 좀 견뎌내야 합니다."

'꼴'은 사람의 모양새나 행태를 낮잡아서 하는 말입니다. 아이가 같은 행동을 계속하면, 우리는 그 모습을 당연히 잘못되었다고만 여기고 편안히 바라보지 못해요. 아이를 깎아내리는 갖가지 말을 하곤 합니다.

우리가 37개월 때 매일 반복했던 문제 행동은 무엇이었을까요? 그 문제 행동을 얼마 만에 고쳤을까요? 기억이 나지 않습니다. 그래서 자꾸 37개월밖에 안 된 아이를, 37세의 시각으로 봐요. 그러면 도대체 이해할 수가 없는 거예요.

몇 번은 주의를 줄 거야

아이를 데리고 모임에 갈 때는 불특정 다수가 모이는 실내를 약속 장소로 정하지 않는 것이 좋아요. 아이는 원래 장시간 얌전히 앉아 있는 것을 어려워합니다. 뛰어놀고 싶은 게 당연해요. 되도록 소리도 실컷 지르고 뛰어놀 수 있는 공원 같은 곳에서 모이는 것이 좋습니다.

불특정 다수가 있는 실내 장소에 부득이하게 가야 하고 아이의 행동이 걱정된다면 외출하기 전에 미리 아이에게 말해주세요. 약속 장소에 도착하기 직전 다시 한번 아이의 다짐을 받아도 좋습니다.

소리 내어 읽어보세요.

> "네가 너무 시끄럽게 하면,
> 엄마가 몇 번은 주의를 줄 거야.
> 그래도 안 지키면 집으로 갈 거야."

필요에 따라 조건에 해당하는 부분을 "네가 사달라고 조르면…" "네가 너무 뛰면…" 등으로 바꿔서 활용해보세요.

아이들은 자기 나이에 맞게 이렇게도 했다가 저렇게도 했다가, 이 문제도 일으켰다가 저 문제도 일으켰다가 합니다. 그게 자기 나이답게 인생을 사는 거예요. 그런데 자기 인생을 살면서 요리조리 부모를 건드려요. 정확히 말하면 부모의 마음을 건드립니다. 마음이 건드려지는 것은 사실 나의 해결되지 않은 문제 때문이에요. 내 숙제입니다.

아이의 문제 행동 때문에 마음이 힘들다면 그 문제는 '내 숙제'입니다. 내 숙제가 버겁다고 아이를 탓하진 마세요.

미안해요,
가야 할 것 같아요

아이들 모임에 갔는데, 아이가 유난히 말을 듣지 않아서 부모가 아이에게 미리 말한 대로 정말 집에 가야 할 상황이 되었어요. 이럴 때 눈치가 보이기도 합니다. 그런데 좀 불편하더라도 다른 부모들을 개의치 않고 아이한테 일관되게 행동해야 합니다. 그래야 아이가 '아, 지침은 어떤 상황에서라도 지켜야 하는 것이구나'라고 배우거든요.

주의할 것은 그렇게 자리에서 일어나며 사람들 앞에서 절대 아이를 깎아내리거나 무섭게 혼내진 않아야 한다는 점입니다.

다른 부모들에게는 이렇게 말해주세요. 소리 내어 읽어보세요.

> "미안해요.
> 아이가 소란을 피우면 가겠다고
> 미리 말했기 때문에 가야 할 것 같아요.
> 다음에 제가 차를 살게요."

이런 말은 미리 연습해두는 것이 좋아요. 내적 갈등을 겪다보면 입에서 차마 잘 나오지 않거든요.

집집마다 아이의 문제 행동에 대한 훈육 방식이 다를 수 있습니다. 그것을 내가 다 지적할 수는 없어요. 물론 아주 친한 사이라면 평소 자신의 교육관을 자주 이야기해둘 필요는 있습니다. "저는요, 아이들이 카페에서 뛰어다니는 거 못 봐요. 아이가 자꾸 그러면 집에 데리고 갈지도 몰라요." 이렇게 말해야 불필요한 말이 덜 생깁니다.

예쁜 행동과 미운 행동,
예쁜 사람과 미운 사람

여러 상황에서 아이에게 '예쁜' 혹은 '미운'이라는 표현을 참 많이 사용합니다. 아이의 눈높이에 맞게 바른 것을 쉽게 가르치려는 의도인데, 전 이 말이 참 위험하게 느껴집니다.

유치원 체육 시간에 아이가 원피스를 입고 왔어요. 선생님이 말합니다. "오늘은 활동복을 입고 오라고 했는데 그 옷은 미운 옷이에요. 다음에는 예쁜 옷 입고 오세요."

아이가 뭔가에 화가 나서 소리를 지르면서 말해요. 엄마가 말합니다. "어허, 예쁘게 말하라고 했지? 그런 말은 미운 말이야."

엘리베이터에 탄 아이가 재미있는지 매 층마다 버튼을 누르네요. 함께 타고 있던 어른이 말합니다. "그건 미운 행동이에요. 예쁜 사람은 그렇게 안 해요."

예쁜 옷, 예쁜 말, 예쁜 사람…. 이런 말들은 뭔가를 가르칠 때 아이를 배려한 '제법 좋은 말'로 생각합니다. 하지만 '예쁘다' '밉다' '착하다' '나쁘다' 등의 표현은 굉장히 포괄적이고 모호한 개념이에요. 어린아이에겐 아직 중요한 개념의 기초가 만들어지지 않았습니다. 이런 말에 자주 노출되면 위험할 수 있어요. 개념을 잘못 파악하여 왜곡이 생길 수도 있거든요.

체육 시간에 원피스를 입고 왔다면, "운동할 때는 네가 움직이기 편하고 다치지도 않기 위해서 활동복을 입는 거야. 다음에는 꼭 활동복을 입고 오렴"이라고 말해주면 좋아요. 활동복을 입어야 하는 이유를 정확하게 말해주어야 해요. 아이가 소리를 지른다면, "소리 지르지 마라. 그냥 말해도 엄마가 들을 수 있어" 내지는 "작게 말해"라고 말해주는 편이 낫습니다. 아이가 해야 할 행동을 구체적으로 가르쳐주는 것이지요.

엘리베이터 버튼을 죄다 누른다면 "눌러보고 싶은 마음은 아는데, 이렇게 다 눌러놓으면 엘리베이터가 층마다 다 서거든. 급한 사람은 '아 큰일이네, 엘리베이터가 왜 안 올라오지?'라고 생각할 수도 있어. 다시 한번 눌러볼까? 버튼이 꺼질 수도 있거든. 네가 직접 꺼봐"라고 설명해주는 편이 좋습니다. 아이가 다시 버튼을 눌러서 끄면 "응, 아주 잘했어"라고 칭찬도 해주고 만약 버튼이 꺼지지 않으면 "오늘은 어쩔 수 없겠다, 잘 기억하렴" 이렇게 말해줍니다. 아이가 "급한 사람 없잖아요?"라고 물을 수도 있어요. 이때 "그래, 그럴 수도 있어. 하지만 어떤 사람의 가족이 쓰러져서 병원에 빨리 가야 한다고 생각해봐. 엘리베이터를 타고 빨리 1층으로 내려와야 구급차를 탈 수 있는데, 엘리베이터가 층마다 선다면 그 사람 마음이 얼마나 조급할까? 다음에는 그럴 수도 있다는 것을 잘 기억하자." 이렇게 더 쉽게 설명해줍니다. 지금 가르쳐줘야 하는 핵심은 '만약 아주 급한 사람이 있다면 난감한 문제가 생길 수도 있다'입니다.

어린아이가 잘 모르고 한 행동에, 뭔가 좀 잘못한 일에 '미운 말' '미운 행동' '미운 사람'이라고 표현하는 것은 너무 가혹한 것 같아요. 살면서 누구를 미워할 일이 그리 많지 않습니다. 하물며 몇 년을 살지도 않은 아이는 더욱 그렇지요.

사람이 사람을 미워한다는 것, 그런 말은 굉장히 조심해야 합니다. 생각보다 큰 상처가 될 수 있어요.

또한 '예쁘다' '밉다'라는 표현을 자주 들으면 아이가 보통 외모를 먼저 떠올려, 자신도 모르게 사람을 외모가 예쁜 사람, 미운 사람으로 나누게 됩니다. 그리고 그에 따라 좋은 사람, 나쁜 사람이라는 느낌을 강하게 받게 됩니다. 이렇게 세상을 외모로만 보는 왜곡된 시각이 생길 수도 있어요. 따라서 이런 표현은 되도록 쓰지 않았으면 좋겠습니다.

조용히 해주니까 훨씬 말하기 쉽네

소리를 지르며 말하는 아이들이 있어요. 다른 이유 없이 그렇게 말하는 것이 버릇이에요. 이런 아이를 대하다보면 종종 아이보다 부모 목소리가 더 커지기도 합니다. 작게 말하면 안 들으니 어쩔 수 없다고 말해요.

이럴 때는 오히려 더 작은 소리로 말해주는 것이 좋습니다. 작은 목소리로 "엄마가 너한테 할 말이 있는데…"라고 말해보세요. 아이는 눈이 동그래져서 작아진 목소리로 "뭐라고요?"라고 되물을 거예요. 그러면 더 작은 목소리로 말해보세요. "잘 들어보라고."

아이는 엄마의 목소리를 듣기 위해서 어쩔 수 없이 조용해질 겁니다. 그때 "네가 조용히 해주니까 엄마가 훨씬 말하기 쉽네. 고맙다"라고 말해주세요.

소리 내어 읽어볼까요?

"네가 조용히 해주니까
엄마가 훨씬 말하기 쉽네.
고맙다."

아이의 말을 바꾸고 싶으시죠? 부모의 말을 먼저 바꿔야 합니다. 말은요, 부모를 정말 많이 닮아요. 사용하는 단어, 말투, 목소리…. 태어날 때부터 닮은 얼굴과는 좀 다릅니다. 말은 태어난 뒤부터 닮아갑니다. 가장 많이 듣기에 닮아가는 거예요.

말은 기술이 아닙니다. 그 상황에서 왜 그렇게 해야 하는지를 깊이 이해할 때, 아이가 편안하게 받아들일 수 있는 말이 나와요. 그러나 잘 안 될 때는 이 책에서 예시로 든 말을 먼저 연습하는 것도 괜찮아요. 연습하다보면 아이의 반응이 더 좋아지고, 그런 과정을 거쳐 아이의 문제 행동이 나아지면 부모의 양육 효능감이 높아집니다. 그러면서 아이와 마음이 더 가까워져요. 아이와 마음이 가까워지면 돕고 싶다는 진심이 깊어지고 아이를 도울 수 있는 편안한 말들이 저절로 나오게 됩니다.

사랑하지! 짱 사랑하지!

아이가 느닷없이 "나 사랑해요?"라고 물어오면 뭐라고 대답해 주시나요? 여러 가지 이유로 자주 혹은 가끔 이렇게 묻는 아이들이 있거든요. 이럴 때는 환하게 웃으며 "아유, 당연한 걸 가지고!"라고 답해주면 됩니다.

아이에게 "왜 그런 생각을 해?"라고 묻지 마세요. 아이는 그냥 그런 생각이 든 겁니다. 뭐가 이유이든 간에 불안한 마음에 혹은 헷갈리는 마음에 물은 것이니 확실하게 대답해주면 됩니다. 화끈하게 "사랑하지! 짱 사랑하지! 목숨 바쳐 사랑하지!"라고 말해주면 됩니다.

느낌을 잘 살려서 소리 내어 읽어보세요.

> "사랑하지! 짱 사랑하지! 목숨 바쳐 사랑하지!"

사랑하지!
짱 사랑하지!

상대방의 표정에 지나치게 민감한 아이들이 있어요. 이런 아이들은 자기에게 특히 중요한 상대 얼굴빛이 조금이라도 어둡거나 표정이 없거나 화가 난 것 같으면 자기 잘못 때문이라고 느껴요. 상대가 자기에게 화났다고 느끼기도 합니다.

아이가 상대의 감정이나 기분을 어느 정도 이해할 수 있을 때까지 표정이나 감정을 정확하고 분명하게 표현해주셔야 해요. "엄마, 화났어요?"라고 물으면 그냥 "아니야"라고만 대답하고 대충 넘어가면 안 됩니다. 상태가 애매하면 아이는 계속 신경을 쓰거든요. "그래, 엄마가 기분이 좀 안 좋아. 그런데 너 때문은 아니란다. 엄마가 어떤 전화를 받았는데 고민해야 하는 일이 좀 생겼어. 그러니까 너는 걱정하지 마"라고 분명하게 이야기해주는 것이 좋습니다.

이런 아이들은 부모가 훈육할 때 엄하고 단호한 태도를 보이면 자기를 미워해서라고 오해하기도 해요. "엄마 아빠가 엄하게 가르칠 때 너는 그냥 배우면 되는 거야. 너를 야단치는 것이 아니야. 네게 화내는 게 아니니까 눈치 볼 필요 없단다"라고 아주 여러 번 말해줘야 합니다.

갑자기 재미있게 책을 읽어주고 싶네

아이가 삐쳐서 부모에게 "난 지금까지 재미있게 놀아본 적이
한 번도 없는 것 같아"라고 말합니다. 이럴 때 "아닌 것 같은
데? 너 어제 운동장에서 신나게 노는 거 내가 봤는데?" 하면서
아이의 말이 옳은지 그른지 따지지 마세요.

너무 진지하게 "그렇지 않아. 너 어제 아빠랑 마트에 갔을 때,
시식도 하면서 진짜 신났잖아. 그것도 재미있게 논 거야. 네가
잘못 생각하는 거야"라며 가르치지도 마세요.

아이의 마음을 너무 몰라주는 겁니다. 아이의 마음은 '난 지금
너무 속상해'이거든요. 속상한 마음에는 설명이나 가르침이 필
요하지 않아요. 안아주고 달래주는 말과 행동이 필요합니다.

이렇게 말해주세요. 따뜻한 목소리로 소리 내어 읽어보세요.

"응? 갑자기 재미있게 책을 읽어주고 싶네.
  읽고 싶은 책 골라 와."
"어? 갑자기 재미있게 놀고 싶은데?
  어떤 장난감을 가지고 놀까?"

이렇게 말하고 재미있게 놀아주면 됩니다.

오늘 재미있는 일 없었니?

'오늘 하루 어떻게 지냈을까?' '혹시 무슨 일이 생기지는 않았을까?' 부모는 아이가 눈앞에서 보이지 않을 때 어떻게 지내는지 참 궁금합니다. 아이의 생활이 궁금하면 아이에게 직접 묻는 것이 가장 좋아요.

이때 조심할 점이 있어요. "오늘 친구랑 안 싸웠어?" "선생님 말씀은 잘 들었어?" "숙제 검사는 잘 받았어?" "급식은 다 먹었니?" 등등…. 아무리 궁금한 마음이 앞서도 부모가 걱정하는 그것을 콕 집어 묻지 마세요. 사람은 누구나 감시받는 것을 싫어합니다. 자신이 잘못한 것을 말하기도 불편해합니다. 아이도 그래요.

아이가 이야기를 시작했습니다. 말의 앞뒤가 맞지 않아요. 그래도 정말 재미있다고 반응하며 "어머나, 그랬구나" 해주세요. 그래야 아이가 이야기할 맛이 납니다. 육하원칙에 맞지 않는다고 부모가 따져 물으면 아이는 이야기를 즐겁게 시작했어도 기분이 상합니다. 말하기 싫어져요.

아이의 말을 듣다보면, 다 듣지 않아도 그다음 이야기가 짐작될 때도 있습니다. 그래도 "너 이래서 저래서 그랬지?"라고 속단해서 말하지 마세요. 원인과 결과는 부모의 짐작이 맞더라도 그 안에 숨은 진실은 그렇지 않은 경우가 의외로 많습니다. 안다고 하고 모르거나 그것이 오해이면 아이가 배신감(?)을 느낄 수도 있어요. 부모에 대한 신뢰가 깨지면, 아이는 부모에게 말을 잘 하지 않게 됩니다.

아이가 즐겁게 조잘댈 수 있게 해주세요. 그러려면 마음 편하게 이야기할 수 있는 소재로 대화를 시작하는 것이 좋습니다. "오늘 재미있는 일 없었니?" "엄마한테 재미있는 이야기 좀 해줄래?" "엄청 웃겼던 일 없었어?"라고 물어주세요. "너 말고 다른 아이들 이야기도 좋아"라는 식으로 다른 아이들 이야기를 먼저 하도록 유도해도 좋아요. "너희 반에 장난꾸러기 없어?"라고 물어도 좋습니다.

소리 내어 읽어볼까요?

> "오늘 재미있는 일 없었니?"
> "엄마한테 재미있는 이야기 좀 해줄래?"
> "엄청 웃겼던 일 없었어?"

"너 말고 다른 아이들 이야기도 좋아."
"너희 반에 장난꾸러기 없어?"

안녕, 다음에 또 보자

진료가 끝나고 아이가 나갈 때 저는 손을 흔들며 "안녕"이라고 인사를 건넵니다. 그러면 아이들은 각자 성격에 맞게 다양한 방식으로 인사합니다. 부끄러움이 많은 아이는 고개만 까닥하거나 눈을 맞추며 살짝 미소 짓기도 해요. 저처럼 손을 흔들어주는 아이도 있고, 활발한 아이들은 요란스럽게 인사하기도 합니다.

그런데 이럴 때 아이를 돌려세워서 꼭 다시 인사를 시키는 부모들이 있어요. 두 손을 모으고 허리를 굽혀 공손히 인사하도록 시키는 거지요. 기분 좋게 나가던 아이들은 갑자기 어색하고 민망해집니다. 당황해서 어색하게 반응하고 결국 저와의 만남은 마지막 장면이 좋지 않은 경험으로 남고 맙니다. 만남의 즐거움을 진심으로 표현하면 되지, 손을 흔들면 어떻고 고개를 까닥이면 어떻습니까?

부모들이 "너, 원장님한테 인사 제대로 안 해?" 하면, 저는 "인사했어요. 내가 봤어. 아주 잘했어"라고 말해줍니다. 어른에게 공손히 인사하는 법을 가르치는 것이 나쁘다는 뜻이 아니에요. 그보다 더 중요한 것은 이 시간을 즐겁게 마무리하는 겁니다. 즐겁게 만나고 다음에 또 만나고 싶은 마음으로 헤어지는 것이 더 중요해요.

집에 친척이 왔다 가는데 아이가 인사를 안 할 때도 그래요. 아이들은 쑥스러워서 인사를 안 하거나 타이밍을 못 잡아서 인사를 못 하기도 합니다. 이때 사람들 앞에서 "너는 인사도 못 하니?"하며 면박하지 않았으면 해요. 어른이 먼저 "안녕, 잘 있어. 내 얼굴 잘 봐두렴. 다음에 또 보자"하고 인사해주었으면 합니다.

다음에
또 보자

소리 내어 읽어볼까요?

> "안녕, 잘 있어.
> 내 얼굴 잘 봐두렴. 다음에 또 보자."

헤어질 때 제가 "안녕" 하고 손을 흔들면 아이들이 씨익 웃어요. 그러면 저는 "원장님이 좋은 것 하나 가르쳐줄게" 하면서 입술을 손바닥에 가져다 댄 다음 "쪽" 하고 손 뽀뽀를 날려요. 아이들은 막 웃다가 저처럼 손 뽀뽀를 하고 나갑니다.

아이가 인사를 안 하더라도 어른들이 상황을 좋게 마무리하고 끝내주었으면 좋겠어요. 형식도 중요해요. 그런데 언제나 마음이 더 중요합니다.

육아 이야기

육아에서는 마지막 장면, 엔딩이 중요해요

밥을 잘 먹지 않는 아이가 있었어요. 엄마는 '어떻게 하면 잘 먹게 할까?' 고민하고 또 고민하며 신선한 재료를 구입해서 맛있는 음식을 요리했습니다. 하지만 정작 음식을 내놓자 아이는 고개를 도리도리해요. 어르고 달래서 한두 숟가락은 먹었는데 금세 "나 안 먹어!" 하며 거부합니다. 아이와 한참 실랑이하던 엄마는 순간 욱해서 강한 톤으로 "야, 너 진짜!" 하면서 화를 내버렸습니다.

아이들과 외국 여행을 한 번도 가지 못한 것이 항상 마음에 걸리던 아빠가 있었습니다. 아빠는 1년 동안 외국 여행을 계획하고 준비했어요. 멋진 여행지를 고르고, 물놀이 하기 좋은 숙소도 잡았지요. 스스로 좋은 아빠가 된 것 같아 뿌듯하기까지 했습니다. 그런데 아빠는 공항에서부터 짜증이 났어요. 아이들이 계속 징징거렸거든요. 아내는 뭘 그렇게 빼놓고 왔는지…. 있는 것보다 없는 게 더 많았습니다. 여행하는 동안 내내 다들 그런 식이었어요. 아빠는 여행을 떠나는 날 공항에서부터 아내와 싸우고 여행 내내 소리만 질렀습니다. 그리고 홧김에 "내가 다시는 너희들 데리고 여행 오나 봐라!"라고 말하고 말았어요.

부모는 아이를 정말정말 사랑합니다. 항상 '뭘 해줄까?' '어떻게 잘 키울까?' 하는 생각뿐이에요. 그런데 막상 육아의 여러 상황에서는 처음 그 마음과 반대로 행동할 때가 많습니다. 마지막에 짜증 내고 화내고 혼내고 끝내곤 해요. 안타깝게도 아이들은 영화의 마지막 장면을 기억하듯 이 모습을 기억합니다. 안 먹는다고 혼낸 엄마 얼굴, 여행 가서 아빠가 화내며 한 말을 기억해요.

좋은 음식, 멋진 장소가 중요하지 않습니다. 아이들은 그저 밝은 햇살 속에서 엄마가 이를 환하게 드러내고 웃던 모습을 기억합니다. 아빠랑 장난치면서 숨이 넘어갈 정도로 깔깔거리던 즐거운 경험을 기억합니다. 나중에 "그때 참 재미있었는데…" 하면서 힘차게 살아가요.
육아가 생각대로 되지 않아 짜증 나고 화가 날 때 이렇게 생각하셨으면 합니다.
'내가 이걸 시작한 첫 마음은 무엇이었지?'
'어떻게 마무리 지으면 아이에게 좋은 기억이 될까?'

항상 엔딩이 중요합니다. 정성스럽게 만든 음식을 아이가 안 먹는다고 해도 "그러렴, 다음에 또 만들어줄게"라고 미소 지으며 끝내면 좋겠어요. 여행을 갔다가 뭔가 꼬여도 그 자체도 아이들과의 즐거운 추억이라고 기분 좋게 마무리하면 좋겠어요. 아이는 부모의 첫 마음보다 마지막 행동을 기억한다는 것, 잊지 않았으면 합니다.

"내 마음을 알긴 알아?"
어느 드라마 속 주인공이 울부짖으며 말합니다.
외로움에, 서러움에 가슴을 치면서
그렇게 울부짖다 무너지듯 주저앉습니다.

마음을 알아달라는 것은
마음대로 하게 해달라는 것이 아니에요.
나의 마음이 있다는 것, 나의 생각이 있다는 것을
받아들여 달라는 겁니다.
내 마음과 내 생각은 나의 것임을 인정받고 싶은 거예요.
그것이 정말 사랑하는 당신의 것과 달라도
당신에게만큼은 나 자체로 존중받고 싶은 겁니다.
당신이 나를 인정할 때 가장 편안해지기 때문이에요.

"너는 그런 마음이구나."
마음을 알아주는 것, '수긍'입니다.

누군가 나의 마음을 알아주면 마음이 따뜻해집니다.
작은 수긍 한 번에도 우리 마음에는 작은 촛불이 켜져요.
그 누군가가 '부모'라면
지금의 우리조차 기분이 은근히 좋아집니다.
다 자란 우리조차 그래요.
아이는 어떨까요?

Chapter 3

마음을 따뜻하게 만드는
수긍의 말

이제 그만,
대신 산책할까?

아이가 텔레비전을 오랫동안 시청하고 있어요. 부모는 텔레비전 앞에 좀비처럼 앉아 있는 아이 모습에 부글부글하다가 폭발하듯 말합니다. "그만 좀 봐!" 리모컨을 들고 텔레비전을 확 꺼버려요.

텔레비전을 계속 보는 아이, 스마트폰 게임을 주야장천 하는 아이에게 이런 식의 접근은 좋지 않습니다. 아이가 한창 몰입하고 있는데 부모가 하는 말에 방해받으면 짜증이나 화만 날 뿐이거든요. 확 꺼버리면 아이 반발도 심합니다. 이렇게 하면 텔레비전, 스마트폰, 게임 등을 바로 중단하게 할 수는 있지만, 부모의 훈계를 받아들이게 하기도 어렵고 잘못된 행동이 고쳐지지도 않아요. 그다음에 해야 할 일을 기분 좋게 시키기도 어렵습니다.

어린아이라면 텔레비전을 *끄기* 전 "이제 그만, 너무 오래 봤어. 대신에 산책이나 하러 갈까? 아니면 밀가루 반죽 놀이는 어때?"라는 식으로 텔레비전을 대신할 무언가를 아이가 선택하게끔 기회를 주는 것이 좋아요. 선택할 놀이는 우리 아이가 특히 좋아하는 것으로 각자의 상황에 맞게 바꿔볼 수 있겠지요. 제법 큰 아이라면 20분이라도 미리 시간을 예고한 뒤에 그만 하게 하는 것이 좋습니다.

조절이 안 되는 행동에 관한 대화는, 그것에 몰입하는 순간이 아니라 다음 날 아이가 그것을 안 하고 있을 때 하는 것이 좋습니다. 그래야 아이에게 부모의 말이 조금이라도 더 들립니다.

소리 내어 읽어볼까요?

"이제 그만, 너무 오래 봤어.
대신 산책할까?
아니면 밀가루 반죽 놀이는 어때?"

동생이 밉다고 느끼는구나

아이가 긍정적인 감정을 말해요. 누구나 받아주기 쉽습니다. 아이가 부정적인 감정을 말해요. 듣고 있기가 힘듭니다. 마음이 불편해지거든요. 어떤 부모는 아이가 부정적인 감정을 말하면 "너 그런 말 하면 안 돼. 그런 말 하는 사람은 나쁜 사람이야"라고 혼내기도 합니다. 감정을 말했는데 야단을 맞으면 다음부터는 아이가 마음을 솔직하게 털어놓지 않을 수 있어요. 아이가 동생이 밉다고 말해요. 그렇게 말하는 마음을 이해해주는 말을 먼저 해야 합니다. 이렇게 말이지요.

소리 내어 읽어 보세요.

> "아, 동생이 밉다고 느끼는구나.
> 네 마음이 그렇다는 거지?"

이런 부모의 말에 아이가 이야기를 시작합니다. 평가하지 말고 그냥 들어주세요.

우리가 아이와 대화할 때 항상 하는 두 가지가 있습니다. 하나는 사랑하는 아이가 잘못 생각하는 것 같으면 불안해서 견디지를 못해요. 빨리 깨닫게 해주려고 애씁니다. 애쓰다보면 압박하게 됩니다. 그래서 "야, 너 그렇게 생각하면 안 돼. 잘못된 생각이야"라고 말해요.

다른 하나는 대화를 시작하면 일단 이기고 싶어한다는 점입니다. 사실 아이와의 대화에서뿐만 아니라 인간관계에서도 언제나 이기고 지는 것을 굉장히 중요하게들 생각하는 것 같아요. 이기는 것은 그 사람이 내 말을 듣는 겁니다. 더 강력하게 말을 해서 그 사람을 설득하려고 합니다. 그러다보면 자기가 하고 싶은 말만 하는 경우가 많아요.

두 가지 모두 잘못된 대화의 대표적인 형태입니다. '아이에게 어떤 말을 해줄까?'보다 선행되어야 하는 것은 아이가 무슨 말을 하는지 잘 듣는 거예요. 아이의 말에 담긴 마음을 느껴보는 겁니다.

이렇게 하는 것이 좋은 방법이야

부모가 흔히 하는 실수가 있어요. 아이의 문제 행동을 지적하고는 정작 어떻게 하는 것이 올바르고 바람직한 방법인지 가르쳐주지 않는 겁니다.

생각보다 많은 부모가 "안 되는 거야"라고 아이를 호되게 혼내고는 "이렇게 하면 되는 거야"라고는 말해주지 않을 때가 많아요. 안 되는 행동 말고 대체할 행동을 가르쳐주지 않는 것이지요. 그러면 아이는 비슷한 상황에 다시 놓였을 때 어떻게 행동해야 하는지 모릅니다. 똑같은 잘못을 반복할 수 있어요.

훈육하기 전에 먼저 고민해보세요. '어떻게 가르쳐줄까?' '어떻게 하면 아이가 이해하기 쉽게, 따르기 쉽게, 친절하고 자세하게 가르칠 수 있을까?' 그래야 혼내기만 하고 끝나버리지 않을 수 있습니다. 아이가 잘못을 반복하지 않는 방법을 배울 수 있습니다.

익혀두면 두루두루 활용하기 좋은 말입니다. 하나씩 천천히 소리 내어 읽어보세요.

"이렇게 하는 것이 좋은 방법이야."
"이렇게 하는 것이 좋겠다."
"다음에는 이렇게 해봐."

너랑 나눠 먹고 싶어

아이가 형제들이나 친구들과 장난감을 사이좋게 나누어 가지고 놀지 못한다든가, 음식을 나누어 먹지 못한다든가, 하나의 물건을 남들과 함께 사용하지 못할 때 "너는 왜 이렇게 이기적이니? 왜 너밖에 몰라?"라고 부모는 혼을 냅니다. 그런데 아이라면 당연한 행동이에요.

특히 만 3~5세 아이들이라면 더욱 그렇습니다. 아직은 자기중심적 사고에서 벗어나지 못한 시기라서 자기가 생각하는 대로 상대도 똑같이 생각할 것이라고 여기거든요. 자기가 좋아하면 상대도 좋아하고, 자기가 아끼는 장난감이라면 상대도 그럴 것이라고 생각해서 그렇게 행동합니다.

이렇게 말하면 부담스러울 줄 알지만 이런 '가치'에 있어서는 부모가 좋은 본보기가 되어야 해요. 아이는 듣는 것보다 보는 것을 통해 훨씬 잘 배우거든요. 강력한 훈계와 지시로 '나눔'과 '공유'를 가르치는 것은 이율배반입니다. 무조건 따르게 하는 것은 일종의 '독재'이거든요.

엄마는 너랑
이 빵을
나눠 먹고 싶어

야단치기보다는 우정에 대한 소중함, 다른 사람을 돕고 함께 나누는 일이 우리에게 어떤 충만함을 주는지 먼저 느끼게 해주세요. 직접 체험하는 기회를 많이 만들어주면 가장 좋습니다. 집에서도 쉽게 할 수 있어요. 맛있는 빵을 사 와서 "이거 엄마가 정말 좋아하는 빵이거든. 정말 맛있어. 엄마는 너랑 이 빵을 나눠 먹고 싶어. 한입 먹어볼래?" 하는 식이지요. 부모가 즐겁고 기쁘게 무언가를 나누는 모습을 보여주면 아이도 서서히 나눔이라는 개념을 느끼고 배웁니다.

소리 내어 읽어보세요.

"이 빵 정말 맛있어.
　엄마는 너랑 이 빵을 나눠 먹고 싶어."

다음에 준비가 되면 들려줘

아이가 피아노를 배운 지 꽤 됐어요. 어느 날 부모 앞에서 한번 쳐보라고 했는데, 아이는 못 하겠다고 고개를 자꾸 젓기만 합니다. 이럴 때 "바보같이! 엄마, 아빠 앞에서도 못 해? 도대체 뭐가 부끄러워서 그래?"라고 나무라지 마세요. 다른 어떠한 야단도, 비난도, 실망한 표정도 짓지 마세요. 아이의 자신감에는 외부에서 받은 상이나 칭찬보다 부모가 해주는 인정, 지지, 격려가 더욱 중요합니다.

이럴 때는 인자한 표정과 부드러운 목소리로 "네가 한 곡 들려주면 엄마, 아빠는 정말 행복할 텐데…. 다음에 마음의 준비가 되면 들려주렴"이라고 말해주었으면 해요. 예전 우리 부모님들도 이렇게 말해주었다면 참 좋았을 텐데…. 그렇죠?

아이들이 부모를 생각할 때 '너그럽다'라는 단어를 가장 먼저 떠올리면 정말 좋겠습니다.

너그러운 목소리로 읽어보세요.

"네가 한 곡 들려주면
엄마, 아빠는 정말 행복할 텐데….
다음에 마음의 준비가 되면
들려주렴."

너그러운 목소리는 어떤 목소리일까요? 마음이 편안해야 나오는 목소리입니다. '엄마 아빠 앞에서도 못 하는데 앞으로 쟤 어떡해?' 하고 걱정하지 마세요. 이제 고작 여덟 살입니다. 지금 못 한다고 큰일 나지 않아요. 앞으로 못 하지도 않습니다. 그리고 사실 엄마, 아빠 앞이라 더 부끄러울 수도 있어요. 더 멋진 모습을 보여주고 싶을 수도, 잘 못한다고 혼이 날까 봐 겁이 날 수도 있거든요. 이럴 때 필요한 것은 부모의 '불안'이 아니라 '너그러움'입니다.

"나쁜 말이야"보다는
"이렇게 말하는 것이 더 좋아"

감각이 예민하고 감정 표현을 잘 못하는 일곱 살 남자아이가 있었어요. 어느 날 이 아이가 어린이집 선생님에게 "멍청이! 선생님이 죽어버렸으면 좋겠어!" 라고 말해버렸습니다. 아이가 마음이 상할 만한 일이 있긴 했어요. 이럴 때 아 이에게 뭐라고 말해줘야 할까요?

아이에게 물었어요. "○○아, 원장님이 들었는데, 너 요즘 자꾸 지적 받아?"
아이는 "지적이 뭐예요?"라고 물었어요.
"아니, 이런 것 있잖아. '○○야 그러지 마' '○○야, ○○야' 하며 자꾸 이름 불 리는 거."
아이는 "에…" 하며 말끝을 흐렸어요.
"기분이 좀 안 좋아? 너 선생님한테 '멍청이!'라고 말했다며?"
아이는 기어들어가는 목소리로 "…네"라고 답했습니다. 그러더니 갑자기 "원 장님, 나 나쁜 사람이에요? 엄마가 나쁜 말을 하면 나쁜 사람이라고 했는데…" 라고 물었어요.
"아니야. 너 나쁜 사람 아니야. 네가 선생님한테 '멍청이'라고 말한 건 사실 '나 기분 나빠요, 나 선생님한테 화났어요' 그 이야기잖아?"라고 물었더니 아이는 "맞아요"라고 했습니다.
"사람은 마음을 말해야 하는 거야. 화가 났을 때는 화가 났다고 상대에게 표현 해줘야 해. 그래야 상대도 알거든. 그런데 말이야. 그럴 때는 '나, 기분 나빠요.

선생님한테 화났어요' 이렇게 말해. '멍청이' '바보'보다는 그게 훨씬 좋은 방법이야"라고 알려주었어요.

아이는 "아, 선생님한테 화났을 때는 '멍청이'라고 말하지 말고 '나 기분 나빠요. 선생님한테 화났어요' 이렇게 말하라고요? 그게 더 좋은 방법이라고요?"라고 되물었습니다.

"그래, '멍청이'는 기분 나쁠 수 있어. 네가 선생님에게 진짜 멍청하다는 의미로 '멍청이'라고 말하진 않았잖아. '선생님 죽어버렸으면 좋겠어'라는 말도 '나, 선생님 때문에 너무너무 속상해요'라는 이야기잖아."

아이는 눈을 반짝이며 제 말에 "맞아요!"라고 수긍했어요.

"그때는 '나 진짜로 선생님 때문에 속상해요' 이렇게 말하면 돼. 이게 '죽어버렸으면 좋겠어요'보다 더 좋은 방법이야"라고 말해주었습니다.

아이는 다시 물었어요. "'죽어버렸으면 좋겠어요'라고 말하면 나 나쁜 사람이에요?"

"아니, 나쁜 사람은 아니지, 그런데 '나 선생님 때문에 진짜 속상해요'라고 말하는 게 더 좋은 방법이야"라고 다시 정리해주었습니다.

"나쁜 말이야"라고 단정 지으면 아이의 감정을 실은 언어가 억압되어버려요. 그러면 아이의 마음에 접근할 수 있는 길이 막혀버립니다. 마음에 접근하지 못하면 그 상황을 통해 무언가를 가르치지도 못해요. 그러니 "나쁜 말이야"보다는 "그렇게 말하면 상대방이 기분 나쁠 수 있어. 그래서 이렇게 말하는 것이 더 좋은 표현이야"라고 알려주면 좋아요.

아이가 격한 말을 쓰는 것을 권장할 수는 없습니다. 하지만 '나쁜 말'로 규정해버리면 아이는 그 말을 쓰지 못해요. 그렇게 되면 그 말을 사용하게 만든 부정적인 감정을 처리하는 방법을 배우지 못합니다. 부정적인 감정을 말로 표현하지 못하면 부정적인 감정이 들 때 분노가 폭발하거나 폭력적으로 행동할 수도 있어요. 뭐든 말로 표현하고 말로 해결하도록 가르쳐야 해요. 그러려면 "하지마"라는 금지어보다 "이것이 네 마음을 표현하기에 훨씬 좋아"라고 격한 표현을 대체할 다른 표현 방법을 알려주는 것이 훨씬 좋습니다.

고칠 수 있는 건 고쳐볼까?

사람은 자신을 다른 모습으로 포장할 때 외로워집니다. 누구나 '타인이 생각하는 나'와 '본래의 나' 사이에는 차이가 있기 마련이지만 그 차이를 크게 느끼면 외로움은 커집니다. 그런데 부모가 자신도 모르게 아이에게 그런 외로움을 자극할 때가 있어요.

친구들 사이에서 인기가 많고 공부도 잘하는 중학교 2학년 남자아이가 있어요. 그런데 방 정리를 잘 못합니다. 부모는 아무리 잔소리를 해도 방 정리를 안 하는 아이가 영 마음에 들지 않습니다. 그래서 말하지요. "너는 공부만 잘하면 뭐 하냐? 방을 이렇게 돼지우리로 만들어놓고 다니는데. 네 친구들도 너 이러고 사는 거 아니?" 이렇게 말해놓고 부모는 '방 좀 치워라'라고 알려주었다고 착각합니다.

아이의 기분은 어떨까요? 모욕감을 느끼는 것은 물론이고 자신의 모습에 대한 엄청난 괴리감을 느낍니다. '도대체 나는 뭐지? 나는 어떤 인간인 거야?' 하는 생각이 들면서 외로워집니다.

자신을 가식적으로 느끼기도 해요.

이렇게 말해주세요. 소리 내어 읽어볼까요?

> "우리 아들, 정리하는 능력은 좀 약하네.
> 잘하는 게 더 많으니까 큰 문제는 아니지만
> 정리 정돈이 너무 안 되는 것 같아.
> 고칠 수 있는 건 고쳐볼까?"

누구에게나 다양한 모습이 있어요. 어떤 모습은 부지런하고, 어떤 모습은 게으르기도 합니다. 어떤 모습은 재치가 넘치지만 또 어떤 모습은 눈치 없고 둔하기도 해요. 그런 모습들이 누군가의 마음에 들 수도 있고 다른 누군가의 마음에는 안 들 수도 있습니다. 어쩌면 누군가의 취향 문제이지요. 그런 걸로 아직 한창 성장 중인 아이에게 모욕감을 주면, 아이는 자신의 진솔하고 다양한 모습을 통합하기 어려워요. 감정이 상해서 자기 모습을 편안하게 마주하지 못합니다. 집에서나 밖에서나 외로운 아이가 될 수도 있습니다. 내 모습을 보이면 비난받을까 봐 남들 앞에서 솔직하고 당당하게 행동하지 못하거든요.

부모는 아이의 미숙한 면을 가장 많이 보는 사람이에요. 아이의 자연스러운 본성 자체를 그대로 인정해주세요. 사람은 잘하는 것도 있고, 못하는 것도 있습니다. 못하는 것은 자신이 불편하지 않을 정도로 고쳐나가며 살면 됩니다. 아이에게 그걸 가르쳐주시면 돼요. 그래야 아이가 있는 그대로의 자기 모습을 흔쾌히 마주할 수 있습니다.

고칠 수 있는 건
고쳐볼까?

Chapter 3
047

열심히 하는 게 제일 중요해

아이는 나름대로 공부를 열심히 했어요. 그런데 성적이 잘 나
오지 않았어요. 이럴 때는 이렇게 말해주었으면 합니다.

소리 내어 읽어보세요.

"성적은 잘 안 나왔지만
아빠가 보기에 이번에 좀 열심히 하더라.
열심히 하는 게 제일 중요해.
그걸로 충분한 거야."

아이의 공부 문제에서 우리 부모들이 받아들여야 하는 것이 있어요. 열심히 해도 성적이 안 나올 수 있다는 사실입니다. 이것을 편안하게 받아들여야 해요. 성적이 안 나왔다고 공부를 열심히 하지 않은 것이 아닙니다. 무능한 것이 아니에요. 열심히 했다면 아는 것이 많아졌을 거예요. 실력이 좀 늘었을 겁니다. 힘든 것을 견뎌내는 힘이 더 강해졌을 거예요. 그래서 열심히 했다면 그걸로 충분합니다.

우리 육아도 그래요. 그저 순간순간 할 수 있는 선에서 열심히 하면 됩니다. 생각만큼 잘 안 될 때도 있겠지요. 잘못도 하고 후회도 할 겁니다. 그러면 '다음에는 이렇게 하지 말아야지' 하고 다시 잘해보려고 하면 됩니다. 물론 다음에 잘한다는 보장은 없어요. 하지만 그걸로 충분합니다.

안 할게, 정말 미안하다

어떤 아빠가 중학생 딸이 예뻐서 자꾸 안아주고 싶대요. 그런데 언젠가부터 아빠가 안으려고 하면 딸이 "아빠, 변태 같아" 하면서 자기를 밀쳐낸답니다. 아빠는 상처를 받았어요. 딸이 사랑스러워서 그런 건데 변태라고 치부하니 얼마나 당황스러웠을까요?

그런데요, 당황스럽고 섭섭한 아빠의 마음을 이해 못 하는 건 아니지만 이럴 때는 화내면 안 됩니다. 삐쳐도 안 됩니다. 딸의 반응이 잘못된 것은 아니거든요. 아이가 하지 말라고 하면 아무리 서운해도 "아, 그래, 미안해" 하면서 물러나야 합니다. 그러고서 이렇게 부드럽게 말해주세요.

소리 내어 읽어보세요.

"아빠는 내 딸이 정말 좋아서 그렇지.
당연히 변태는 아니야.

> 하지만 네가 싫다면 안 할게.
> 정말 미안하다."

부모는 그럴 의도가 아니더라도, 아이가 싫다고 하면 하지 않는 게 맞아요. 내가 나쁜 의도로 한 행동이 아니어도 상대가 싫어하면 하지 않는 게 그 사람을 존중하는 겁니다.

어떤 부모는 아이의 과민 반응을 대수롭지 않게 여기거나, 자존심이 상해서 하지 말라는데도 자꾸만 똑같은 행동을 해요. 아이가 내 말을 듣는 게 아니라, 내가 아이 말을 듣는다는 생각이 들면 지는 것처럼 느끼거든요. 하지만 그렇게 하는 것은 아이와의 관계를 망치는 지름길입니다.

그렇게 생각하지 않는 이유가 있니?

자존감과 자신감. 어떻게 다를까요? 자신감은 어떤 상황에 닥쳤을 때 '내가 이것을 해낼 수 있을 것 같다'는 내 능력에 대한 가치 기준입니다. 예를 들어 장기 자랑 시간에 누군가 춤을 춰보라고 했을 때 "전 춤에는 별로 자신이 없어요. 안 하면 안 돼요?"라고 대답하는 건 자신감의 문제예요. 그런데 "춤은 못 추지만 노래는 좀 하니까 노래할게요"라고 대답할 수 있는 것, 춤은 잘 추지 못해도 자신이 부족한 사람이라고 생각하지 않는 것, 자존감입니다.

자존심, 자존감, 자신감 중에서 인생을 살아가는 데 가장 중요하고 필요한 것은 바로 '자존감'이에요. 자존감은 자신의 모습을 제대로 알고, 있는 그대로 받아들이는 데서 생깁니다. 내가 잘하는 것, 못하는 것, 나의 강점과 약점을 스스로 잘 파악해야 자존감이 높다고 할 수 있어요. 자존감이 높은 아이는 어떤 상황, 어떤 사람 앞에서도 쉽게 위축되지 않아요. 자존감이 높으면 스스로 자신 없는 일조차 '자신 있게' 인정할 수 있습니다.

어떻게 해야 아이의 자존감을 높일 수 있을까요? 성취나 결과만을 강조하는 게 아니라 아이의 생각과 요구에 민감하게 반응해주는 게 중요합니다. 지금부터라도 아이를 진심으로 존중해주세요.

아이를 존중해주는 가장 쉬운 대화법, 하나 알려드릴까요? 아이가 "저는 그렇게 생각하지 않는데요"라고 말할 때 "그렇게 생각하지 않는 이유가 있니?" 하고 친절하게 되물어주는 것입니다.

소리 내어 읽어보세요.

"그렇게 생각하지 않는 이유가 있니?"

그래? 못 들었어?

분명 말해줬는데 아이가 들은 적 없다고 우길 때가 있어요. 이럴 때 "야, 분명히 말했는데 왜 못 들었어"라고 말하지 마세요. 그러면 원래 하려던 말은 하지도 못하고 아이와 서로 말꼬리를 잡는 싸움만 하게 되는 경우가 많습니다. 이런 소모적인 대화는 괜히 기분만 상할 뿐 서로에게 도움이 되지 않아요.

이때 "그래? 못 들었어?" 하고 너그럽게 인정하세요. 부모가 분명히 말했어도 아이는 이런저런 사정으로 정말 못 들었을 수 있습니다. 그러고서 "다음에 중요한 게 있으면 목소리를 좀 크게 해야겠다. 그래야 네가 잘 듣지" 하고 아이가 듣지 못했다는 이야기를 다시 정확하게 해주면 됩니다.

소리 내어 읽어볼까요?

> "그래? 못 들었어?
> 다음에 중요한 게 있으면

목소리를 좀 크게 해야겠다."

아이가 매일 해야 하는 일이 있어요. 부모는 매일 반복되는 일이니 당연히 아이가 알아서 했을 거라 생각했습니다. 그런데 아이가 안 했어요. 그러곤 "하란 말도 안 해놓고 뭐라고 한다"고 툴툴대기까지 합니다. 그럴 때도 "어머, 내가 그거 매일 해야 한다고 말 안 했니? 나이가 드니 자꾸 깜빡깜빡하네. 미안. 내일부터는 매일 하렴" 이렇게 말해주세요. 자신의 실수를 먼저 인정하는 것이 멋진 어른입니다.

전체가 '잘못'이라도,
'부분'의 정당성은 인정해주세요

잘 시간입니다. 막 양치를 했어요. 그런데 아이가 젤리를 먹고 싶다고 합니다. 엄마가 "자기 전에 양치까지 다 하고 젤리를 먹으면 되겠어? 안 되겠어?"라고 말했어요. 아이는 "아니야. 나 젤리 먹는다고 안 했어. 내일 먹고 싶다고 한 건데?"라고 대답합니다. 솔직하게 말하지 않고 둘러대네요.

이런 상황에서는 아이에게 젤리를 먹게 하고 이를 또 닦게 하면 됩니다. 그런데 '지금은 젤리 같은 것을 먹으면 안 된다'라는 명제에만 몰두하면 그렇게 하기 어렵습니다.

유치원에서 돌아오니 식탁 위에 엄마가 구워놓은 쿠키가 있어요. 아이는 쿠키 하나를 얼른 집어먹으려고 했습니다. 그러나 엄마가 "안 돼"라고 외칩니다. '외출해서 돌아와 손을 씻지 않고 음식을 먹으면 안 된다'라는 명제에 몰두해 있기 때문이지요.

학교 끝나고 바로 학원에 간다던 아이가 학원에 30분이나 늦었어요. 학원에서는 전화가 오고 아이는 연락도 안 됩니다. 알고보니 친한 친구가 잃어버린 휴대전화를 같이 찾아주다가 늦은 거였어요. 하지만 부모는 "네 할 일이나 잘해. 학원에 바로 간다고 약속했어, 안 했어?"라고 나무랍니다.

다 맞는 말이에요. 그런데 부모가 그렇게 말하면 아이는 너무나 맞는 말이라

할 말이 없어요. 뭐라 말해도 자신이 백전백패입니다. 그래서 솔직하게 말하지 못하고 둘러댈 수 있어요. 부모가 올바른 원칙을 한 치의 틈도 없이 들이대면 아이는 자기 생각이나 요구를 편하게 표현하지 못합니다. 그렇다면 어떻게 말해야 할까요?

"엄마가 잘 알지, 네가 이 젤리 좋아하는 거. 이런, 먹고 닦았어야 했는데 미리 닦아버렸네. 그런데도 먹고 싶은 거지? 지금 당장?" 아이가 그렇다고 하면 "애들이 이 젤리 되게 좋아한다더라"라고도 해줍니다. "네가 정말 먹고 싶은 마음, 알겠어" 하고 아이 마음의 정당성을 수긍해주는 거지요. 이 부분을 인정해줘야 그다음에 꼬이지 않습니다. 그렇게 해주고 나서 "그럼, 먹어야지 뭐. 먹고 나서 어떻게 해야 할까? 이를 또 닦아야지. 아이고, 귀찮겠네. 그래도 닦아야지"라고 말해주면 돼요.

손을 안 닦고 쿠키를 먹으려는 아이에게도 "얼른 먹고 싶구나"라고 수긍해주면서 엄마가 쿠키를 하나 입에 넣어주든지, 물휴지로라도 손을 닦고 먹게 한 다음 다시 닦게 하면 됩니다.

이 닦기나 손 씻기는 건강을 위해서예요. 가르쳐야 합니다. 하지만 적절한 때가 아니어도 아이는 젤리나 쿠키를 먹고 싶을 수 있어요. 그 마음이 잘못은 아닙니다. 그 정당성을 좀 인정해주세요.

학원에 늦은 아이도 그렇습니다. 친구의 휴대전화를 함께 찾아주려고 한 행동은 잘한 행동입니다. 그 부분은 인정해줘야 해요. 그런 다음 그와 같은 상황에서는 어떻게 처리하면 더 좋을지 방법을 가르쳐주면 됩니다.

아이들은 성장 발달을 하기 때문에 언제나 문제를 일으켜요. 하지만 병리적이지는 않습니다. 사람은 누구나 다 달라요. 맞닥뜨리는 문제 상황도 다 똑같지 않겠지요. 이런 별의별 문제의 완벽한 해결법까지 부모가 모두 알기는 어렵습니다. 하지만 문제 전체를 보면, 아이가 잘못했더라도 부분에 존재하는 아이의 타당성, 정당성만 인정해주세요. 그렇게만 해도 문제를 해결하기가 훨씬 수월해집니다.

'부분'은 마음일 수도 있고 행동일 수도 있어요. 아주 작은 부분이라도 아이가 정당할 때, 타당할 때는 "그런 마음이 들 수 있지" "그 판단은 네가 옳았어" "그 행동은 참 잘했구나" 하면서 인정해주세요. 그래야 아이가 부모의 그다음 가르침을 더 잘 받아들입니다. 아이의 자존감이 단단해지기 때문입니다.

나머지는 같이 가지고 노는 거야

집에 놀러 온 친구가 자기 장난감을 만지면 엄청 싫어하는 아이들이 있습니다. 함께 놀게 하려고 애써 친구를 초대했는데 아이가 이런 모습을 보이면 부모는 참 난감합니다. 이럴 때 "너 그렇게 하면 친구들이 싫어해. 아무도 너랑 안 놀 거야"라고 말하지 마세요. 의외로 "알았어요. 혼자 놀게요"라고 대답해버리는 아이들이 많습니다.

자기 장난감을 친구와 나누는 것을 힘들어하는 아이, 무조건 욕심쟁이는 아닙니다. 욕심보다는 불안해서 그러는 아이가 더 많아요. 불안이 심한 아이는 자신과 남 사이 경계선이 매우 중요해요. 다른 아이가 자신의 장난감을 만지는 행동이 자신이 정해놓은 경계선을 넘어오는 것과 같다고 생각합니다. 그래서 싫은 거예요. 이런 아이들에게는 이렇게 말해주세요.

소리 내어 읽어주세요.

"혹시 네 장난감 중에서
친구가 절대로 만지지 말았으면 하는 것이 있니?
그것은 치워두자. 나머지는 같이 가지고 노는 거야.
놀고 나면 분명히 돌려줄 거야."

친구와 어울려 노는 즐거움을 알게 하려면 '아이의 경계선'부터 존중해주셔야 합니다. 친구가 놀러 오기 전, 아이의 경계선을 존중하면서 타협해보세요. 아이가 장난감을 함께 갖고 놀겠다고 하면 친구를 놀러 오게 합니다. 아이의 경계선 범위를 아이가 허용할 수 있는 한도에서 좁혀주는 것이지요. 타협하고 친구가 놀러 왔을 때는 약속을 반드시 지키세요. 친구에게 잘해주려고 약속을 어겨버리면 아이는 자기 물건을 더 악착같이 나누지 않게 됩니다.

타협이 어려운 아이에겐 어떻게 해야 할까요? 옆집 엄마에게 내 아이의 사정을 미리 설명하고 놀러 오는 친구에게 장난감을 한두 개 가져오게 하세요. 아이 키우는 사람이라면 다 이해합니다. 친구뿐 아니라 내 아이도 마음 상하지 않고 놀아야 즐거움을 느낄 수 있습니다. 여러 경험으로 자신의 경계선을 지키면서 친구와 즐겁게 놀 수 있다는 것을 깨달으면 아이의 행동도 조금씩 나아질 거예요. 걱정 마세요.

뭐가 잘 안 돼?

진료실에서 보면 블록 같은 장난감을 가지고 놀다가 집어 던지는 아이들이 있어요. 원하는 대로 잘 되지 않아 짜증이 난다는 뜻이지요. 그럴 때 저는 맨 먼저 "뭐가 잘 안 돼? 원장님이 도와줄까?"라고 물어요. 아이가 이래서 저래서 그렇다고 대답하면 이렇게 말해줍니다. "놀다가 잘 안 되면 기분이 좀 안 좋지? 그렇다고 장난감을 던질 일까지는 아니지. 기분 나쁘다고 던지지는 마라. 좋은 방법이 아니야." 그러면 마구 화내던 아이가 당장 얌전해지지는 않더라도 "네"라고 대답합니다.

뭔가 잘 안 돼서 아이가 짜증을 낼 때 이렇게 말해주면 좋겠습니다. 자상한 느낌으로 소리 내어 읽어보세요.

"뭐가 잘 안 돼?
 아빠가 도와줄까?"
"놀다가 잘 안 되면 기분이 좀 안 좋지?

그렇다고 장난감을 던질 일까지는 아니지.
기분 나쁘다고 던지지는 마라.
좋은 방법이 아니야.”

그렇게 생각했다면 기분 나빴겠네

아이가 해서는 안 되는 행동을 하면 그 자리에서 "그러면 안 되는 거야"라고 짧게 말해줘야 합니다. 그리고 이유는 편안한 상황이 되었을 때 두런두런 설명해주어야 해요.

"너 아까 친구한테 왜 그랬어?"라고 아이에게 물으니, 친구가 자기 장난감을 가져갈까 봐 화가 났다고 대답합니다. 이럴 때 "친구가 네 장난감을 가져가긴 왜 가져가? 너 괜히 빌려주기 싫으니까 말도 안 되는 소리 하는 거잖아"라고 말하지 마세요. 아이의 공격적인 행동을 줄이려면 밑바닥에 깔려 있는 '화'부터 줄이게 도와주어야 합니다.

화는요, 공감으로 줄어요. 공감은 보편적인 감정과 상식의 선에서 이해하는 것입니다. 그 일을 꼭 경험해보지 않아도 가능해요. 내가 아무리 좋아하는 반려견이라도 다른 누군가는 끔찍이 싫어할 수 있습니다. 그런 입장 차이로 싸울 수도 있습니다. "그렇게 생각했다면 기분 나빴겠네"라고 말하지 못할 상황은 없어요. "친구가 가지고 갈 거라고 생각했구나. 어휴, 그랬다면 너 되게 싫었겠다. 너 그 장난감 엄청 좋아하잖아." 이렇게 말해주는 것이 공감이에요. 충분히 공감해주고 나서 "하지만 그렇다고 친구에게 소리를 지르면 안 되는 거야"라는 식으로 짚어주면 됩니다.

소리 내어 또박또박 읽어보세요.

> "저런, 그렇게 생각했다면 기분 나빴겠네."

아이가 그런 감정을 느낀다면 그럴 만한 이유가 있을 겁니다. 내 생각에 아이가 오해한 듯 보여도 아이는 충분히 그렇게 생각하고 그렇게 느낄 수 있는 거예요.

들었거든, 알았어, 그런데 좀 기다려

동생에게 수유 중인데 큰아이가 수납장 위에 있는 장난감 상자를 꺼내달라고 소리를 지릅니다. 이럴 때 뭐라고 말해야 할까요? 네, 맞아요. "기다려"라고 말해주셔야 합니다. 그런데 이때 아이 말에 우선 반응해주는 것이 정말 중요해요. "엄마가 들었거든. 너 지금 수납장 위에 있는 장난감 상자 꺼내달라는 거지? 오케이! 알았어. 그런데 좀 기다려."

그리고 계속 수유를 합니다. 조금 뒤에도 아이가 "왜 꺼내준다고 하고 안 꺼내주냐고!" 하며 "빨리! 빨리!" 하고 악다구니를 쓸 수 있어요. 이럴 때 네가 뭘 원하는지 알았다고 말해준 뒤 다시 지침을 줘야 해요. "조금만 있으면 동생이 다 먹을 것 같아. 다 먹고 나면 바로 꺼내줄게. 기다려. 지금은 동생을 내려놓을 수가 없어."

이렇게 말한다고 해서 아이가 "네, 알겠어요. 지금 사정이 그렇군요. 제가 기다리고 있을게요"라고 절대 대답하지 않습니다. 특히 이전까지 기다리는 훈련을 한 번도 받지 않은 아이라면 부모가 이렇게 말해도 아마 울고불고할 거예요. 그래도 그냥 두어야 합니다. 눈을 흘기지도 마세요. 아이가 기다리는 동안 무슨 말을 하든 어떤 행동을 하든 그냥 두세요. 가끔 아이 얼굴을 보고 "기다려"라고 말하는 정도가 딱 좋습니다.

소리 내어 읽어볼까요?

"엄마가 들었거든.
너 지금 수납장 위에 있는
장난감 상자 꺼내달라는 거지?
오케이! 알았어!
그런데 좀 기다려."

지난번보다 빨리 그치네

한번 시작하면 하루 종일 징징거리던 아이가 오늘은 웬일인지 짧은 시간 내에 울음을 그쳤어요. 그럴 때 하지 말아야 할 말은 "오늘은 웬일이니?" "거 봐, 그칠 거면서" 등입니다. 아이가 울음을 그치면 그냥 두세요. 단, 지난번에는 비슷한 상황에서 30분 만에 울음을 그쳤는데 이번에는 15분 만에 그쳤다면 칭찬해주세요. "아빠가 보니까 너 지난번보다 울음을 빨리 그치네"라고 부드럽게 말해주는 겁니다.

아이는 어제 그 아이가 아니에요. 매일매일 똑같은 아이는 없습니다. 한 시간만큼 자라고 하루만큼 자라고 일주일만큼 자라요. 매일 조금씩 자라서 매일 다른 아이가 됩니다. 매일 다르기에 오늘의 육아가 항상 어렵기도 합니다.

그래도 매일 일어나는 문제 행동보다 어제보다 아주 조금이라도 나아진 오늘의 행동을 찾아봐주세요. 그리고 칭찬해주세요. 혼내는 것보다 효과가 좋습니다. 그렇게 하면 내 마음도 훨씬 좋습니다.

소리 내어 읽어보세요.

"아빠가 보니까 너 지난번보다
울음을 빨리 그치네."

"도대체 몇 번을 말했니?"의 의미

아이에게 "도대체 몇 번을 말했니?"라고 말한 적이 있나요? 오늘은 이 말의 의미를 함께 생각해보려고 합니다. 저는 부모가 이 말을 쓰지 않았으면 해요.

"도대체 몇 번을 말했니?"라는 말은 부모가 여러 번 말했음에도 아이의 문제행동이 고쳐지지 않을 때 많이 씁니다. 이 말을 쓴다면 우리는 우리도 모르게 아이가 단번에 바뀔 수 있다고 생각하는 겁니다. 부모는 셀 수 없이 여러 번, 친절하게 가르쳐줘야 아이가 배운다는 사실을 마음 깊이 받아들이지 못한 거예요. 더불어 아이의 시행착오를 인정해주지 않는다고 봐야 합니다.

아이는 부모가 여러 번 반복한 말의 의미를 이해해도 하루아침에 다른 모습을 보여주긴 힘들어요. 어른이 아니라 아이니까요. 자기 방식대로 습득해가는 과정이 필요합니다. 그 과정은 부모가 생각하는 시간보다 훨씬 오래 걸려요. 이 때문에 몇 번이고 반복해 말해줘야 하는 것은 어쩌면 당연한 겁니다.

"도대체 몇 번을 말했니?"는 부모가 말했는데 아이가 보인 반응이 부모 마음에 들지 않을 때 쓰는 말이에요. 아이가 알아들을 법도 한데 아예 반응이 없거나 "네"라고 대답하지 않고 "전 아닌데요"라고 말할 때 쓰는 말입니다. 감정을 강요하는 거예요. 부모가 원하는 대로 반응하라고 말하는 거니까요. 감정을 강요하다 못해 공격하는 겁니다.

마지막으로 "도대체 몇 번을 말했니?"는 참 부모중심적인 말이에요. 사실 아이는 못 알아들을 수도 있습니다. 부모는 세 번이면 배울 수 있을 거라고 생각하지만 아이에겐 기회가 스무 번 필요할 수 있습니다. 시행착오를 몇 번 거쳐야 배울 수 있는지는 가르치는 사람이 결정하는 것이 아니에요. 배우는 사람에게 맞춰져야 하는 겁니다. 그렇게 보면 '내가 이렇게까지 했는데 너는 왜 못 알아듣는 거야?'라는 뜻을 지닌 "도대체 몇 번을 말했니?"는 아이를 전혀 배려하지 않은 말입니다.

이 말이 나오려고 하면 잠깐 시간을 두세요. 심호흡 크게 한 번 하고 목소리를 가다듬은 다음 이렇게 말해주세요. "아직 어렵구나. 다시 한 번 가르쳐줄까?"라고요.

그래, 밥은 빨리 먹었네, 잘했어

말대꾸에 대한 이야기를 해볼게요. 엄마가 아이에게 "요즘 유치원에서 선생님이 동화책을 읽어줄 때 다른 곳에 가 있고, 밥도 늦게 먹고…"라고 말해요. 아이가 엄마 말을 딱 끊으면서 "아니야, 나 요즘은 밥 빨리 먹어"라고 이야기합니다. 이때 "네가 무슨 밥을 빨리 먹어?" 혹은 "무슨 소리야, 어제도 늦게 먹었잖아"라고 말해선 안 돼요. 아이가 "아니야 나 잘해"라고 말하면 "어, 그래. 너 잘해"라고 가볍게 인정해주고 지나가는 것이 현명한 거예요. 그래야 말대꾸가 버릇이 되지 않거든요. "그래, 밥은 빨리 먹었네. 잘했어"라고 아이를 인정해주고 부모가 원래 하려던 말을 이어가는 것이 좋습니다.

소리 내어 읽어보세요.

"그래, 밥은 빨리 먹었네. 잘했어."

유아기에는 유난히 말대꾸가 잦습니다. 아이의 언어 능력이 전체 맥락을 파악할 만큼 발달하지 않았기 때문이지요. 그래서 단어 하나에 집착해서 이야기의 진행을 느닷없이 끊거나 꼬리에 꼬리를 무는 식으로 말대꾸하기도 해요.

이럴 때 지적하지 않았으면 해요. 지적하다보면 부모는 아이의 말대꾸에 휩쓸려 원래 하려던 말을 잊어버리고 맙니다. 아이는 더 예민해져서 말의 토씨 하나에도 다 반응하는 식으로 말대꾸가 더 늘기도 해요.

네가 열심히 하면 꽤 잘하네

유독 주저하는 아이들 중에는 실패가 두려워 잘하는 것만 하려는 아이들이 있습니다. 완벽주의 성향 때문일 수 있고, 실패하는 것을 너무 불편하고 창피하게 느껴서일 수도 있어요. 일종의 불안입니다.

주시 불안, 수행 불안이 있는 아이들은 생각보다 잘하고 싶은 마음이 커요. 부모가 좀 더 섬세하게 다가가야 합니다. 칭찬을 너무 해줘도 안 해줘도 안 됩니다. 칭찬해야 할 상황에서는 가볍게 "너 잘한다" 내지는 "네가 열심히 하면 꽤 잘하네" 정도가 좋아요. 너무 과하게 칭찬하면 다시 했을 때 그만큼 못할까 봐 아예 안 하려고 하기도 하거든요.

또박또박 천천히 읽어보세요.

> "네가 열심히 하면 꽤 잘하네."

늘 결과가 아니라 과정을 칭찬해야 합니다. 과정에서 아이가 애쓴 부분을 찾아내 구체적으로 칭찬해야 해요. 물론 결과도 칭찬해야 하겠지요. 다만 결과만 칭찬하면 결과가 좋지 못할 때는 부모에게 인정받지 못한다고 생각할 수 있답니다. 칭찬 하나 하기도 참 어렵지요?

예를 들어 아이가 100점을 받아 왔어요. "이야, 우리 아들 멋지다"라고 칭찬하는 것보다 "엄마는 네가 100점을 받았다는 사실이 참 기뻐. 그건 네가 실수를 안 하고 문제를 잘 풀었다는 이야기니까"라고 말해주는 것이 더 좋습니다.

"역시 우리 아들이야!"라고 칭찬하는 것보다 "점수가 정말 잘 나왔구나. 아빠가 보니까 너 이번에 정말 오래 앉아 있었어. 공부를 많이 하던 걸"이라고 칭찬해주는 것이 더 좋습니다.

와, 재미있겠다, 어떤 것을 할까?

노는 건 참 좋은 겁니다. 그런데 노는 건 쉬운 걸까요? 특히 아이와 노는 것, 어떠세요? 쉬우신가요?

많은 부모가 아이와 어떻게 놀아주어야 할지 모르겠다고 고백합니다. 진료할 때 아이와 부모가 노는 모습을 지켜볼 때도 있는데요. 아예 노는 법을 모르는 부모도 있고요, 아이는 제쳐두고 혼자만 노는 부모도 있습니다.

아이와 놀아주기, 간단하게 두 가지 포인트만 짚어드릴게요. 하나, 아이의 뒤를 따라가면 됩니다. 둘, 모르면 아이한테 물어보면 됩니다. 놀이를 선택할 때도 아이가 충분히 탐색하게 해주고 아이가 주도적으로 고르게 하면 돼요. 놀잇감을 골라 와서 "엄마, 우리 자동차 놀이 하자" 하면 "와, 재미있겠다. 엄마는 어떤 것을 할까?"라고 대답해주면 됩니다. 이럴 때 "그거는 재미없겠다. 다른 거 하자"라고 반응하면 안 되겠죠? 놀이하는 중에도 모르는 게 있으면 "이럴 때 어떻게 하면 돼?"라고 아이에게 물어보세요. 부모는 '놀이'라는 배에 탄 겁니다. 이 배의 선장님은 '아이'입니다. 이 점만 잊지 않으시면 돼요.

함께 놀다가 아이가 장난감 작동법 같은 것을 모른다면 혼잣말로 "아, 이렇게 하는 건가 보네" 하면서 선장님을 배려하여 지혜롭게 알려주세요.

소리 내어 읽어보세요.

"와, 재미있겠다. 엄마는 어떤 것을 할까?"
"이럴 때 어떻게 하면 돼?"
"아, 이렇게 하는 건가 보네."

미안, 너는 이게 싫구나,
안 할게

아빠들 중에는 아이와 놀아주다가 꼭 울리는 분들이 있습니다. 공을 가지고 놀다가 아이를 맞히고 장난감 칼을 가지고 놀다가 아이를 찌르는 시늉을 하거든요. 아이가 무서워하는데도 공룡이나 악어 인형 같은 것으로 무는 시늉을 하면서 아이에게 덤벼듭니다. 아이가 "하지 말라고!" 하면서 짜증을 내면 재미있어서 "미안, 아빠 실수!" 하고는 그 행동을 또 반복하지요.

아무리 귀여워도 그러면 안 됩니다. 아빠는 재미있어도 아이가 싫어하는 행동은 하지 말아야 합니다. 놀이라도 그 안에는 아이에 대한 존중이 있어야 해요. 아이가 싫어하면 "아 미안, 너는 이게 싫구나. 안 할게"라고 말해주셔야 합니다.

아빠들 그리고 삼촌들, 소리 내어 읽어보세요.

"미안,
　너는 이게 싫구나.
　안 할게."

아이와 놀아줄 때 아이를 약 올리지 마세요. 장난을 심하게 쳐
서도 안 됩니다. 지나치게 놀리지도 마세요. 아이는 놀면서도
기분이 즐겁지 않아요. 더욱이 이기지 않고 흐지부지 놀이가
끝나면 마음이 묘하게 복잡해집니다. 아이는 아빠나 삼촌과의
놀이에서 이겨야 자신을 화나게 하고, 놀리고, 건드린 행동이
자기 마음 안에서 마무리된다고 생각해요. 그래서 기를 쓰고

이기려고 듭니다. 지면 놀림 받은 것 때문에 자존심이 상합니다. 논 것이 아니라 당했다고 생각하기도 해요.

아이와 놀아주면서 아이를 놀리면 절대 안 됩니다. 간혹 어른들은 놀리고 아이의 반응을 보며 재미있어하고, 울려놓고도 웃어요. 아이는 장난감이 아니에요. 아이의 자존심을 가지고 장난치지 않았으면 합니다. 사람은 자신의 자존심을 소중하게 여기지 않는 사람을 존경하지 않아요.

당신 참 잘 살았어

남편과 아내가 서로에게 해줬으면 하는 말이에요. '업무'라고 표현하기는 좀 뭐하지만, 어린아이를 키우다보면 일이 정말 많습니다. 해도 티가 나지 않고 안 하면 티가 나는 수많은 자잘한 일들. 그 일들에 치여 서로를 돌아볼 여유가 없을 때가 많지요. 그러다 불쑥, 세상에서 가장 든든한 나의 편에게 짜증 내고 비난하고 깎아내리는 말을 해버리기도 합니다. 마음의 여유가 너무 없어서 그랬지요. 그날은 정말 힘들었던 거 알아요. 솔직히 좀 불안했을 거예요. 다 알아요. 그리고 이해합니다.

하지만 그 사람은 제일 소중한 사람입니다. 그 사람이 편안하고 힘을 내야 사실 나도 편안합니다.

오늘의 미션입니다. "생각해볼수록 당신 참 괜찮은 사람이야. 당신 참 잘 살았어." 용기 내어 배우자에게 꼭 말해보세요.

미리 연습 좀 해볼까요? 소리 내어 읽어보세요.

"생각해볼수록
 당신 참 괜찮은 사람이야.
 당신 참 잘 살았어."

아주 중요한 사람, 가까운 사람과는 인생 이야기를 하면서 사셨으면 합니다. 입에서 나오자마자 허공에 흩어져버리는 그런 말 말고요. 위로와 격려, 슬픔과 좌절, 스트레스와 고통, 고민과 갈등…. 인생을 함께 이야기하며 사셨으면 합니다.

아이 말을 끝까지 들어주세요

오늘, 아이의 말을 얼마나 들어주셨나요? 눈을 감고 한번 생각해보세요.

우리가요, 남의 말을 참 못 들어요. 상대의 말이 끝날 때까지 기다리지를 못합니다. 잘 듣기만 해도 인간관계의 갈등이 반 이상 줄어드는데 말이지요.
아이에게는 더 심합니다. 부모인 내가 너보다 더 많이 안다고 생각하기 때문이지요. 부모인 내가 너보다 더 옳은 길을 안다고 생각하기 때문입니다. 부모인 나는 이미 네가 하고 싶은 말까지 다 안다고 생각하기 때문이에요.

그래서 말을 자릅니다. "쓸데없는 소리 하지 마." "잔말 말고 내 말대로 해."
"네가 뭘 안다고 그래?" "알아. 알아, 무슨 말 하고 싶은지 다 알아." "뭘 잘했다고 말대꾸야?" "알았어, 알았어. 나중에 이야기해."
그런데요. 세상 누구의 말도 쓸데없지 않습니다. 세상 누구도 상대가 얼마나 아는지 가늠할 수 없습니다. 세상 누구도 다른 사람이 하고 싶은 말을 다 알 수는 없습니다. 부모 자식 사이라도 그래요.
제가 만난 어떤 아이는 엄마가 "알아, 알아"라고 말할 때마다 짜증이 난대요.
안다고 하면서 실상 자기 마음을 하나도 모른답니다.

아이를 알고 싶으세요? 아이 말을 끊지 마세요. 아이가 소리를 지르고 대드는 것처럼 말해도 끝까지 들어주세요. 태도만 보는 게 아니라 내용을 들으세요.

아이가 입을 닫으면 아이를 알 수 없습니다. 아이의 문제에 도달할 수 있는 채널을 잃어요. 가르칠 수가 없습니다. 말을 안 듣는 것보다, 말대꾸하는 것보다, 말할 줄 알면서 안 하는 것이 가장 심각한 '응급 상황'입니다.

책 《창가의 토토》, 읽어보셨나요? 토토는 겨우 초등학교 1학년일 때 엉뚱한 행동을 했다는 이유로 퇴학을 당합니다. 이후 '도모에 학원'이라는 학교를 다니게 되지요. 책은 그곳에서의 추억을 기록한 내용입니다. 도모에 학원에 간 첫날, 교장 선생님은 토토에게 이야기하고 싶은 것을 전부 말해보라고 하지요. 그리고 무려 네 시간 동안 토토의 말을 듣습니다. 단 한 번도 하품하지 않고, 지루한 표정도 짓지 않고, 다음 이야기가 몹시 궁금하다는 듯이 몸을 앞으로 내민 채 말이지요.
말을 마친 토토는 생각합니다.
'태어나서 처음으로 진짜 좋은 사람을 만난 것 같다.'
'이 사람하고는 얼마든지 함께 있어도 좋겠다.'
자신의 말을 진심으로 잘 들어줄 때, 아이의 마음은 이렇습니다.

어떻게 된 거니?

자매나 형제가 굉장히 심하게 싸우고 있어요. 누구 하나가 다칠 것 같습니다. 이때는 어느 한쪽의 편을 들지 않고 "그만해라"라며 싸움을 멈춰야 합니다.

싸움에 개입할 때는 그 자리에서 판결을 내리시면 안 됩니다. 아무리 공정해도 어느 아이에겐 억울함이 생겨요. 앉은자리에서 잘못한 아이를 혼내도 안 되고, 두 아이를 모두 혼내도 안 됩니다. 각각 따로 방으로 데리고 들어가 "어떻게 된 거니?"라고 사정을 물어보고 가르쳐야 할 것을 하나씩 말해주는 것이 좋아요.

소리 내어 읽어보세요. 첫 번째 말은 단호함이 느껴지게, 두 번째 말은 조금 부드럽게 따라 해주세요.

> "그만해라."
> "어떻게 된 거니?"

아이들 싸움에서 기억하셔야 하는 것이 있습니다. 예를 들어 동생이 두 살이고 형이 네 살이에요. 동생이 세 살이고 언니가 여섯 살입니다. 두 아이는 사실 모두 비슷한 발달단계인 유아기에 속해요. 큰아이가 작은아이보다 더 나아야 한다고 생각하지 마세요. 발달단계로 보면 다 거기서 거기입니다. "어떻게 된 거니?"를 묻고 아이에게 뭔가를 가르쳐줄 때 그 점을 잊지 마세요.

또 하나, 잘 놀다 사사건건 부딪치는 형제가 있습니다. 이때는 그 사사건건만이 문제의 원인은 아닐 가능성이 큽니다. 표면적으로 다툼이 드러나는 것일 뿐 진짜 문제는 부모와의 관계일 가능성이 커요. 아이들은 부모에게 뭔가 섭섭해도 형제와 자주 싸우거든요.

나이가 어린 아이들은 사람 자체를 미워하지 않아요. 그럴 수 있는 나이가 아닙니다. 그보다는 그 사람과의 관계에서 겪은 일이 기분 나쁜 거예요. 질투도 그래요. 그 경험은 결국 부모와의 관계에서 비롯된 것입니다. 이 때문에 그 경험을 긍정적인 것으로 바꿔주면 두 아이의 관계도 좋아질 수 있어요.

잘 배워서 네가 해내야 하는 것들이야

아이가 초등학교 1학년인데 젓가락질을 못합니다. 혹은 연필을 제대로 잡고 쓰지를 못해요. 그러면 어떻게 잡아야 하는지, 어느 부위에 힘을 주어야 하는지 잘 따라 하도록 차근차근 가르쳐주면 됩니다.

그런데 가끔 이렇게 말하는 부모님이 있어요. "야, 너는 1학년이나 된 아이가 이런 것도 못하니? 난 네 살 때부터 젓가락질을 했어."

아이가 자극을 받아서 열심히 하기를 바라는 마음이겠지만, 이럴 때는 오히려 부모의 실수나 실패담을 이야기해주는 것이 더 도움이 됩니다. 아빠도 이런 어려움이 있었고, 이런 느낌이었고, 이런 것을 이런 식으로 극복했고, 지금 생각해보면 그 일을 잘 처리했다고 생각한다는 식으로 이야기해줘야 아이가 거부감 없이 뭔가를 배웁니다.

가르쳐줄 때는 이렇게 말해주세요. 소리 내어 읽어보세요.

"아빠가 잘 가르쳐줄 테니까 잘 봐.
잘 배워서 네가 해내야 하는 것들이야."

포크 사용이나 젓가락질이 서툴다면 아이 손을 잡고 잘 가르쳐
주고, 옷 입는 방법이 서툴면 "자, 봐봐. 여기 옷 구멍이 있지?
이 구멍에 팔이 들어가는 거야. 여길 잘 봐야 돼. 안 보면 구멍
에 팔이 안 들어가서 팔을 자꾸 엉뚱한 곳에 쑤셔 넣게 되고 옷
입는 시간이 더 길어져. 한번 넣어봐. 잘했어!" 이렇게 가르쳐
주세요.

아이가 뭔가를 똑 부러지게 해내지 못할 때 부모는 말을 정말
조심해야 합니다. 이런 상황에서 우리가 아이에게 무심코 던지
는 말에는 비난이나 무시가 너무 많이, 쉽게 담기거든요. 이런
말 속에서 아이는 수시로 자존감에 타격을 받고 자신감을 잃습
니다.

색깔을 섞으니까 더 멋있다

아이가 그림을 그리고 색칠한 뒤 "엄마 잘했지?"라고 물어요. 이럴 때는 "진짜 멋지다!"라고 확실하게 칭찬해주셔야 해요. 뜨뜻미지근하게 "어, 어. 그러네. 그런데 여기 좀 덜 칠해졌네" 라고 말하면 아이는 김이 샙니다. 언제나 아이가 해낸 것을 충분히 인정해줘야 해요.

부모 생각에 제대로 안 한 부분이 보여도, 좀 더 신경 써야 하는 부분이 보여도, 일단 칭찬부터 해주세요. 아이 기분에 맞게 부모의 칭찬 강도를 맞춰주셔야 합니다. 칭찬해줄 때는 되도록 구체적으로 해주시는 것, 아시죠? 이렇게 말이지요.

소리 내어 읽어볼까요?

> "우와, 잘했어. 색깔을 섞으니까 더 멋있다.
> 이야, 정말 멋있는데?"

부모의 칭찬이 아이 내면의 기준을 만듭니다. '칭찬을 너무 많이 해주면 아이가 오만해지지 않을까?' '칭찬 의존증이 생기지 않을까?' 이런 걱정 때문에 칭찬에 박한 부모님도 있습니다. 그런데 어떤 것이 좋은 것이고 어떤 것이 인정받을 만한 것인지에 대한 피드백이 없으면 아이는 내면의 기준을 만들지 못합니다.

예를 들어 나름대로 옷을 차려입고 외출을 했어요. 스타일리스트 친구가 "와, 멋지게 입었네" 하고 칭찬하면 '아, 이 스타일이 나한테 어울리나 보구나' 하며 기준이 생깁니다. 아이 역시 수학 성적이 조금 올랐을 때 수학 선생님이 "너 지난번에 이렇게 저렇게 공부하더라. 그러면서 실력이 자란 거야" 하고 칭찬하면 '아, 공부는 이렇게 하는 거구나' 하며 기준이 만들어집니다. 초등학교까지 아이들은 칭찬을 받기 위해 특정한 말과 행동을 할 때가 생각보다 많아요. 좀 더 자라면 꼭 칭찬을 받기 위해서 그 행동을 하지는 않지요. 하지만 그런 칭찬들이 쌓여서 아이에게 '아 이렇게 하는 거구나' 내지는 '나는 좀 괜찮은 사람이야'라고 생각하게 만듭니다. 칭찬이 아니어도 스스로 행동하는 사람이 조금씩 되어갑니다.

바로 그거지,
물어볼 필요가 없지

아주 사소한 것까지 스스로 결정하지 못하고 일일이 묻는 아이들이 있습니다. "엄마, 나 물 마셔도 돼요?" "엄마 나 화장실 가도 돼요?" "엄마, 나 이거 하나 먹어도 돼요?" 등등…. 지나치게 마음대로 하는 것도 문제이지만 이렇게 자기 신변에 관련된 사소한 것까지 스스로 결정하지 못하는 것 또한 문제입니다. 이럴 때 자꾸 물어본다고 짜증 내지 마세요. 어쩌면 아이는 자기 스스로 하고 싶어도 실수하면 본전도 못 찾기 때문에 자꾸 물어보는 것일 수도 있어요.

저는 진료실 책상에 아이들 마시라고 주스를 놓아둬요. 어떤 아이는 묻습니다. "원장님, 이거 마셔도 돼요?" 그러면 저는 "어. 너 마시라고 둔 거야. 마음대로 마셔도 돼. 더 마셔도 되고 먹기 싫으면 남겨도 돼. 다음에도 그렇게 해라"라고 대답해주지요. 만약 아이가 "더 먹어도 돼요?"라고 또 물어보면 "아까 원장님이 뭐라고 했어?"라고 되묻고 아이가 "더 먹어도 된다고요"라고 말하면 "오케이"라고 답해줍니다. 이런 식으로 말해주

목마르면
마셔야죠

바로 그거지

면 어떤 일의 기준이 생깁니다. 자기가 내린 결정이 상대방에게 수용받는 경험도 합니다.

집에서도 아이가 당연한 것을 해도 되냐고 물을 때, 이렇게 말해주세요. "엄마, 나 물 마셔도 돼?"라고 물으면 "넌 어떻게 생각해?"라고 되물어주세요. 아이가 "목마르면 마셔야죠"라고 대답하면 "바로 그거지, 물어볼 필요가 없지"라고 말해주면 됩니다.

"어, 마셔"라고만 반응해버리면 엄마가 그 일을 결정하고 끝낸 것이 돼요. 아이가 스스로 해도 되는 일에서는 아이가 최종 결정자가 되도록 대화를 유도해주세요.

소리 내어 읽어보세요.

"넌 어떻게 생각해?"
"바로 그거지, 물어볼 필요가 없지."

그래, 다음에 또 해보자

아이를 키우면서 부모가 겪는 첫 번째 큰 숙제는 아마 생후 3~4개월 즈음 시작되는 이유식 문제일 거예요. 그리고 두 번째 큰 숙제는 아마 생후 18개월 즈음 되었을 때의 배변 훈련일 겁니다. 이 큰 숙제들 앞에서 부모들은 물어도 보고, 찾아도 보고 각종 편리용품까지 구입하면서 참 열심히 노력하지요. 그 덕에 우리 아이들이 좀 더 편안하고 튼튼하게 자랄 수 있는 것 같아요.

숙제가 쉽지 않을수록 우리가 꼭 기억해야 하는 표현이 있어요. 바로 "그래, 다음에 또 해보자"라는 말입니다. 아무리 머리가 좋은 아이도 이런 과제는 짧은 시간 안에 성공하지 못해요. 그런데 공부를 열심히 한 아이의 부모는 아이의 실패를 안타까워해요. 아이가 실패할 때마다 자기도 모르게 "또 실패야?" 하며 부정적인 반응을 보이기 쉬워요. 그러면 아이는 스트레스를 받아서 그 과제를 더디게 완성합니다. '빨리 성공시킬 거야'라는 목표보다 '결국은 잘하게 될 거야'라는 마음가짐이 필요해요.

무엇이든 처음 경험하는 것투성이인 아이는 수도 없이 많은 실패를 경험해요. 이럴 때 필요한 것이, 부모가 해주는 "그래, 다음에 또 해보자"라는 가벼운 격려입니다.

급할 것 없어요. 아이에게 '다음'을 허락해주세요. 아이에게 항상 '다음'이 있다는 사실을 알려주세요. 육아의 많은 순간, 이 말을 자주 하셨으면 합니다.

소리 내어 읽어보세요.

"그래, 다음에 또 해보자."

마음을 뺏기지 마세요

내 마음의 주인은 '나'입니다. 그런데 우리는 살다보면 자꾸만 이 사실을 잊어요. 상황에, 환경에, 다른 사람에게 나의 마음을 쉽게 빼앗깁니다.

붐비는 지하철 안에서 뒷사람이 "밀치지 좀 마세요!"라고 신경질적으로 말해요. 식당에 갔는데 종업원이 불친절합니다. 누군가가 나에게 안 좋은 말이나 반응을 하면 기분이 나쁘지요. 당연합니다. 그러나 그것 때문에 하루를 망쳤다면 나는 오늘 이름도 모르고, 사는 곳도 모르고, 나의 인생에 별로 중요하지도 않은 사람에게 '나의 마음'을 뺏긴 겁니다.

고단하고 힘든 날, SNS에서 누군가의 일상 모습을 봤어요. 잘 먹고 잘 입고 유능하고…. 정말 행복해 보입니다. '아, 좋겠다. 내 인생은 이게 뭐지?' 하는 생각이 들어요. 하루가 우울합니다. 마음을 뺏긴 겁니다.

사람이니 그런 마음이 들 수 있어요. 하지만 그 일에 지나치게 몰두하면, 나의 뿌리까지 흔들린다면, 내 마음을 빼앗긴 겁니다.

기분 나쁜 일을 당했어요. 상식적인 사람이라면 그렇게 하지 않을 행동이에요. 그런데 그 사람은 내 인생에 그리 중요한 부분을 차지하지 않아요. 그러면 '별 이상한 사람도 다 보겠군' 하고 그냥 지나가세요. 언제나 말씀드리지만 그런 일을 겪었다고 '나'의 존재와 가치가 훼손되지 않아요. 기분은 잠깐 불쾌하지만 시간이 지나고보면 내 소중한 인생에 정말 별일 아닌 일입니다.

잘 사는 듯한 사람을 보면 '아, 좋겠다' 하고 부러워지고 '내 인생은 뭐지?'라고 생각할 수 있어요. 하지만 아시잖아요. SNS에는 누구나 멋진 것, 자랑하고 싶은 것을 올려요. 정말 그런 것일 수도 있지만 연출된 것일 수도 있습니다. 그 사람은 그 사람이고, 나는 나예요. 그 사람은 그 사람 인생을 사는 것이고, 나는 나의 인생을 사는 겁니다.

마음이 흔들릴 때는 얼른 '나'로 돌아오세요. '내 인생도 뭐, 이 정도면 좋지' 하고 끝나야 합니다. 정말로 그렇거든요. 우리 인생 이만하면 괜찮아요. 가만히 생각해보세요. 정말 그렇지 않나요? 언제나 당시에는 많이 고민하며 내가 할 수 있는 가장 나은 것을 택했잖아요. 사람이기에 시간이 흐른 뒤에 후회할 수는 있지만 그때는 그것이 최선이었어요. 최선을 다한 삶은 그 자체로 충분합니다.

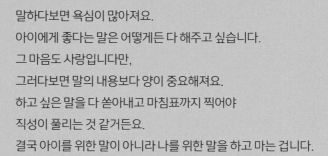

말하다보면 욕심이 많아져요.
아이에게 좋다는 말은 어떻게든 다 해주고 싶습니다.
그 마음도 사랑입니다만,
그러다보면 말의 내용보다 양이 중요해져요.
하고 싶은 말을 다 쏟아내고 마침표까지 찍어야
직성이 풀리는 것 같거든요.
결국 아이를 위한 말이 아니라 나를 위한 말을 하고 마는 겁니다.

그 좋다는 말을 다 들어야 아이가 잘 자라는 것은 아닙니다.
그 좋다는 말을 다 해야 아이를 잘 키우는 것은 아닙니다.

말은 입으로만 하지 않아요.
말없이 가만히 들어주는 것만으로도 우리는 말하는 겁니다.
눈을 반짝이며 고개를 끄떡이며
끝까지 들은 후에 별다른 조언을 하지 않아도,
그 태도만으로 아이는 굉장히 많은 문제를 해결하기도 합니다.

아이와 상호작용하며 놀아주는 것, 참 좋아요.
그런데 어떤 때는 부모가 아이 옆에 딱 붙어서 지켜봐주는 것만으로도
아이는 가슴 깊은 곳이 따뜻해지는 충족감을 느끼기도 합니다.

말이 그래요.
하기 위한 말이 아니라 듣기 위한 말일 때
더 깊은, 더 진실한 마음이 전달되기도 한답니다.

귀로 하는 말,
입으로 듣는 말

힘들 때도 있지 않니?

우리 아이가 '참는 성향'이라면 처음 유아기관에 다니기 시작할 때 아이의 스트레스에 좀 더 관심을 가져야 해요. 같은 반 아이 중에 버거운 아이가 있으면 참는 성향의 아이는 정말 괴롭습니다. 다른 친구를 괴롭히거나 장난감을 자주 뺏는 아이 때문에 특히 스트레스를 받아요. 보통 아이들은 화내거나 소리를 지르거나 싸우는 것으로 스트레스를 표현해요. 하지만 참는 아이들은 꾹 참으면서 스트레스를 키웁니다.

참는 아이들은 대부분 유아기관 입학 초기부터 적응을 정말 잘한다는 말을 들어요. 이런 경우 부모는 반일반을 보내다가 덜컥 종일반으로 바꾸어 아이가 유아기관에 있는 시간을 늘려버립니다. 이렇게 되면 잘 가던 유아기관은 물론, 놀이터에도 안 가려고 합니다. 이때 아이에게는 두 가지 마음이 있어요. '착하게 참아봤자 상황만 더 힘들어지니 아예 아무것도 안 해버리겠다'는 것과 '나도 말썽을 부리는 편이 낫겠다'는 것입니다.

아무 말하지 않아도 괜찮지 않을 수 있어요. 아이가 참는 성향이면 힘든 것은 없는지, 불편한 것은 없는지 잘 살펴야 합니다. 자주 물어보세요. 물어볼 때는 요령이 필요합니다. "너 어린이집에 다니는 것 힘들지?"라고 물어보면 대부분 아니라고 고개를 저어요. 이렇게 물어주세요.

소리 내어 읽어보세요.

"어린이집 다니는 것 좋잖아.
 그런데 어떨 때는
 힘들 때도 있지 않니?"

아이와 대화를 나눠보았는데 힘들어한다면 며칠 안 보내도 괜찮아요. 한 번 받아주면 습관이 돼서 툭하면 안 갈까 봐 걱정하지 마세요. 습관은요, 한 번으로 생기는 것이 아닙니다.

네 동생, 얄미울 때도 있지 않니?

무조건 동생에게 참아주는 아이, 무조건 큰아이에게 아무 말도 못 하는 아이들이 있습니다. '기氣가 좀 더 강한 형제에게 밀린다'라고도 표현할 수 있는데요, 이런 아이에게 가끔 물어봐주셔야 합니다. 그런데 "너 동생 밉지?"라고 물어보면 안 돼요. 단도직입적으로 물으면 그 감정을 좋지 않은 것으로 생각해 자기감정을 솔직하게 말하지 못하기도 합니다. 또 동생이 언제나 미운 것은 아니기에 일시적으로 받는 스트레스를 말하지 못할 수도 있습니다.

이렇게 물어보세요. 친절함이 묻어나는 목소리로 소리 내어 읽어보세요.

> "네 동생, 얄미울 때도 있지 않니?"

아이가 대답하면 "맞아, 동생이 좀 그렇기는 해"라고도 수긍해 줍니다. 아이가 느끼는 감정을 누구나 그런 상황이면 느낄 수 있는 것이라고 인정해주세요. 그래야 자신을 나쁜 아이라고 생각하는 죄책감을 아이가 느끼지 않거든요. 부모에 대해서도, 친구에 대해서도 이런 식으로 물어보면 됩니다.

남매, 자매, 형제 등 관계에서 일방적으로 참아주는 아이가 만만하게 보이는 일도 발생해요. 어린 동생들은 이성적으로 판단을 잘 못하기 때문에 큰아이가 뭐라고 하면 무서워서 안 하기도 합니다. 그런데 가만히 있으면 만만하게 보기도 해요.

잘 참는 아이에게는 이런 말도 해주면 좋겠어요. 소리 내어 읽어보세요.

> "네가 속상할 거라는 것,
> 네가 많이 참아주고 있다는 것,
> 엄마가 잘 알고 있어.
> 고마운 면도 있지만 무조건 참기만 하는 것은
> 동생한테도 도움이 안 돼."

아이가 "그렇다고 동생을 때릴 수는 없잖아요?"라고 물을 수 있어요. 그럴 때는 "그게 아니고 동생에게 '하지 마' '하지 말라고 했어'라고 의사를 확실하게 말하라는 거야"라고 가르쳐주세요. 그런 말을 잘 못하는 아이라면 연습도 시킵니다.

그렇게 말한다고 동생이 그 행동을 즉각 멈추지 않을 수 있어요. 어리기 때문입니다. 그래도 동생에게 당하지 말라는 것이 아니라 누군가가 너를 괴롭힐 때 가만히 있으면 안 된다고 큰 아이에게 알려줘야 합니다.

그래도 밀진 마, 싫다고 해

무언가 마음에 안 들 때 친구를 미는 아이가 있습니다. 키즈카페에 데려가면서 아빠는 "너, 오늘은 절대 친구를 밀면 안 돼"라고 아이와 약속했어요. 그런데 아이가 또 친구를 밀었습니다.

이럴 때 조심하셔야 할 것은 "네가 약속을 안 지켰으니까 집에 가야겠다"라고 말하지 않는 겁니다. 약속은 정말 어려운 개념이에요. 이럴 때 해줘야 하는 말은 아시죠? "친구를 밀면 안 되는 거야"입니다. 그런데 잘 살펴보니 아이에게도 사정이 있었어요. 아이가 가지고 놀던 장난감을 친구가 뺏었던 거예요. 이럴 때는 이렇게 가르쳐줘야 합니다.

소리 내어 읽어볼까요?

> "친구를 밀면 안 되는 거야.
> 너, 장난감 뺏기니까 속상한 거잖아?

그래도 밀진 마.
싫다고 해."

아이가 해서는 안 되는 행동을 자꾸 합니다. 가장 중요하게 해
야 할 일은 아이가 언제, 왜 그 행동을 하는지 이유를 찾아보고
이해하는 거예요. 이해한다는 것은 "그래, 그럴 만했네. 잘 밀
었어"라고 무조건 인정해주라는 의미가 아닙니다. 일단 부모가
상황을 파악해야 아이가 받아들일 수 있는 구체적인 대안을 떠
올릴 수 있어요.

사실 아이가 할 수 있는 문제 해결 방법이 '미는 것' 하나뿐일 수도 있어요. 문제가 발생하면 어떻게 해결하는지 몰라 그 행동을 계속 반복하는 것일 수도 있습니다. 친구를 밀지 않고도 문제를 해결할 수 있는 방법을 여러 번 알려주세요. 한 번 배워서는 적용하지 못합니다. 항상 처음처럼 여러 번 친절하게 가르쳐주세요.

누구도 밀면 안 되는 거야

친구를 미는 아이를 훈육할 때, 한 가지 더 기억해야 할 표현이 있습니다. 바로 '누구도'라는 단어입니다. 앞서 배운 회화 뒤에 "누구도 밀면 안 되는 거야"라는 말을 추가해주세요. 아이가 부모의 지침을 좀 더 잘 받아들일 수 있습니다.

뭔가 잘못한 아이도 다 사정이 있어요. 자기 입장에서는 그럴 수밖에 없다고 항변하고 싶은 마음이 있습니다. 친구를 민 아이도, 동생에게 장난감을 던진 아이도, 친구를 때린 아이 등도 나름대로 이유가 다 있어요. 그래서 "형아가 돼서 동생에게 장난감을 던지면 쓰니?"라든가 "사이좋게 놀아야지. 친구를 때리면 돼?"라는 식으로 말하면 아이는 억울합니다. 마치 부모 혹은 교사가 자신에게만 야박한 것 같은, 지금 상황이 뭔가 공평하지 않다고 느끼기도 해요.

아무리 이유가 있다고 해도, 하면 안 되는 행동을 하면 안 됩니다. 그래서 아이를 훈육할 때 '누구도'라는 단어가 중요합니다. '누구도'라는 단어를 넣으면 상황을 일반화하게 되거든요. 동생이나 친구 편을 들어서 혼내는 것이 아니라 일반적으로 해서는 안 되는 행동을 알려주게 됩니다.

소리 내어 읽어볼까요?

"아빠도 밀면 안 되고, 동생도 밀면 안 되고,
친구도 밀면 안 되고,
어느 누구도 밀면
안 되는 거야."

장난감을 던진 아이에게도 "누구도 사람에게 물건을 던져서는 안 되는 거야", 친구를 때린 아이에게도 "누구도 사람을 때려서는 안 되는 거야"라는 식으로 말해주세요. 그러면 '내가' 문제가 있어서 '나만' 이렇게 해야 한다고 느끼지 않습니다. 누구나 지켜야 하는 '생활의 질서'라고 느낍니다.

말로 '내 거야, 줘' 해봐

친구가 우리 아이의 장난감을 뺏어갔어요. 아이가 그 친구를 밀친 상황입니다. 이럴 때는 아이에게 가르쳐야 하는 말이 한 가지 더 있어요.

소리 내어 읽어보세요.

> "일단 말로 '내 거야, 줘'라고 말해보고
> 그래도 친구가 안 주면
> 어른들한테 와서 이야기하면 돼."

문제를 해결하는 방법을 구체적으로 알려주는 것입니다. 아이가 항상 말보다 행동이 앞선다면 평소 놀이 상황에서 이 말을 많이 연습시키세요. "이럴 때 어떻게 말해야 할까?"하고 문제를 내면서 아이에게 맞혀보게도 하세요. 부모가 친구 역할을

일단 말로
'내 거야, 줘' 해봐

맡아서 다양한 상황을 만들어 함께 연습해봅니다. 아이가 잘하지 못할 때는 부모가 먼저 "내 거야, 줘!"라고 말하고 따라 해보게 하는 것도 좋아요.

"너 약속했잖아!"라는 말,
얼마나 자주 하세요?

○○(만 4세)이는 무언가 마음에 안 들 때 사람을 밀어요. 엄마는 오늘도 키즈
카페에 가기 전, 단단히 주의를 주었습니다. 말로만 하는 것은 마음이 안 놓여
"약속해!" 하면서 아이와 새끼손가락을 걸고, 엄지로 도장을 찍고, 손바닥으로
'복사' 시늉까지 했어요. 그런데 아이는 키즈카페에 들어간 지 얼마 되지 않아
친구를 또 밀고 말았습니다. 놀란 엄마는 부리나케 아이에게 달려가 말했습니
다. "너 엄마랑 약속했지?" 아이는 바닥을 내려다보며 고개를 끄덕였어요. "약
속 안 지키면 어떤 사람이야?" 아이는 입을 삐죽거리며 "나쁜 사람이요"라고
대답했습니다. "나쁜 사람한테 산타할아버지가 선물 주셔? 안 주셔?" 엄마는
내친김에 크리스마스 선물까지 이야기했어요. 아이의 눈에서 눈물이 뚝뚝 떨
어졌습니다.

오늘은 △△(만 5세)에게 아빠가 장난감을 사주기로 약속한 날입니다. 옷을
챙겨 입고 막 장난감을 사러 나가려는데 아빠가 말해요. "아까 가지고 논 장난
감 치워. 장난감 정리 잘 안 하면 새 장난감은 안 사기로 약속했지?" 아이는 빨
리 나가고 싶은 마음에 허둥지둥 장난감을 치워요. 그런데 생각보다 많습니다.
아이는 "갔다 와서 치우면 안 돼요?"라고 묻습니다. 아빠가 "무슨 소리야? 네
가 약속 안 지키면 아빠도 약속 안 지켜"라고 말하자 아이는 훌쩍이면서 장난
감을 치워요.

저는 종종 '그놈의 약속'이라고 말합니다. 약속은 지켜야 하고 아이한테 가르쳐야 하는 가치이기는 하나, 아이에게는 너무 어렵고 버거운 개념이에요. 그런데 '약속의 힘'을 자주 악용하여 아이를 마음대로 다루고 통제하려는 면이 부모들에게 없지 않습니다. 동생을 때려도, 장난감을 사달라고 해도, 정리를 잘 안 해도, 텔레비전을 오래 봐도, 편식해도, 친구와 싸워도, 선생님 말씀을 잘 안 들어도, 숙제를 제때 안 해도 부모는 "너 약속했잖아!"라고 말합니다. 그러면 아이는 할 말이 없어요. '약속을 지켜야 한다'는 것은 굉장한 대전제이고 상위 가치이기 때문에 대항할 방법이 없습니다. 일순간 아이는 대역 죄인이 돼서 부모가 풀어놓는 비난을 다 들어야 하고 무슨 벌이든 달게 받아야 하는 상황에 놓이지요.

육아 상황에서 아이와의 '약속'은 뭔가를 가르치기 위해 언급합니다. ○○의 엄마도 '어떤 상황에서도 사람을 밀어서는 안 된다'를 가르치려는 의도였을 거예요. 그렇다면 약속을 강조할 게 아니라 "화나도 사람을 밀면 안 되는 거야. 기분이 나쁘면 그 친구한테 말로 표현해"라고 말하면 됩니다. 이것 하나만 가르쳐서 다시 들여보내면 돼요. 아이가 계속 그 행동을 반복하면 "오늘은 더 이상 놀기 어렵겠다. 다음에 또 오자"며 집으로 오면 됩니다. 그래야 아이가 '다른 아이를 밀면 안 되는구나'를 배우니까요.

△△의 아빠도 '자기가 가지고 논 장난감은 자기가 정리해야 한다'를 가르치고 싶었을 것입니다. 이럴 때는 아이의 마음을 먼저 보고 약간은 유연하게 대처해도 됩니다. "네가 가지고 논 장난감은 네가 치워야 하는 것은 맞는데, 갔다 와서 꼭 치우자"라고 말하면 돼요. 약속을 위해 약속한 것이 아니므로 순서는 좀 달라져도 됩니다. 순서를 꼭 아빠 마음대로 정할 필요는 없어요. 아이가 약속을 어

겼을 때는 약속을 강조할 것이 아니라 원래 가르치려던 것을 가르치면 됩니다. 사실 아이들은 부모의 무언의 압력 때문에 억지로 약속하는 경우가 많아요. 꼭 지켜야겠다는 동기가 있어서, 지킬 자신이 있어서 하는 것이 아닙니다. 그렇게 논리적으로 생각하기에 아이는 아직 너무나 어려요. 그저 약속하지 않으면 혼날 것 같은 분위기에서 혹은 약속하면 부모가 그 상황만은 칭찬해주기 때문에 '멋모르고' 하는 것입니다. 그러다 보니 지키지 못할 약속을 할 때가 많아요. 부모는 아이가 얼렁뚱땅한 약속인데도 이를 어겼다고 비난하고 협박하고 죄책감까지 느끼게 만듭니다. 그리고 당당히 아이를 통제하지요. 약속을 못 지켰다는 것을 전제로 자꾸 타율他律의 방향으로 가려고 해요. 그렇게 되면 아이의 자율성, 책임감, 자기효능감, 자존감 등은 모두 떨어집니다. 벌이 두렵고 싫어 억지로 지킬 때도 아이의 자율성, 책임감, 자존감 등이 떨어지기는 마찬가지입니다. 욕구 불만이 생기고 무력해지기까지 해요.

아이와의 약속은 지킬 수 있는 현실적인 기준으로 최소한만 정하되, 아이와 충분히 합의해야 합니다. 부모의 일방적인 지시가 '약속'의 형태이면 안 돼요. 어겼을 때도 융통성을 좀 발휘해줘야 합니다. 약속은 부모가 편하기 위해서가 아니라 아이에게 뭔가를 가르치기 위해서 하는 것이기 때문입니다.

'이게 안 돼서 나 화나!'라고 말로 해

아이가 장난감을 가지고 놀다가 무언가 마음처럼 되지 않자 화내면서 장난감을 던졌습니다. 그 장난감이 튀어서 자고 있는 동생 이마에 맞을 뻔했어요. 이럴 때 "야, 동생 맞을 뻔했잖아! 어디서 장난감을 던져?"라고 혼내기보다 "뭐가 잘 안 돼?"라고 해서 일단 아이의 기분을 알아줘야 합니다. "이게 안 된다고!"라고 아이가 말하면 "그게 잘 안 돼서 기분이 안 좋았구나. 그런데 기분이 안 좋다고 물건을 던지면 안 되는 거야"라고 알려줍니다. 아이가 의도치 않게 잘못을 했을 때 혼내기보다 아이의 감정을 먼저 공감해줘야 해요.

아이가 "그럼, 어떻게 하라고? 기분이 안 좋잖아"라고 물을 수 있어요. 뭐라고 대답해줘야 할까요? "기분이 안 좋다고 엄마한테 말로 해. '이게 안 돼서 엄마 나 화나!'라고. 기분이 안 좋다고 물건을 던지면 안 되는 거야. 지금 봐, 동생이 맞을 뻔했잖아. 너 동생 때리려고 던진 거야?"라고 물어주세요. 말투에서 동생을 다치게 할 뻔한 것이 아이의 실수임을 엄마가 알고 있다는 느낌을 줍니다. 아이는 분명 "아니"라고 답할 거예요. 아이한테 다시 말해주세요. "자칫하면 다른 사람이 다칠 수 있어. 화난다고 물건을 던지는 것은 안 되지. 화날 순 있는데 던지는 행동은 좋지 않아."

아이가 "엄마도 화나?"라고 묻기도 합니다. "그럼, 엄마도 화날 때가 있지. 그런데 엄마가 화난다고 프라이팬 던지고 그래? 아니지? 던지면 안 되는 거야"라고 알려주세요.

소리 내어 읽어보세요.

"기분이 안 좋다고 엄마한테 말로 해.
'이게 안 돼서 나 화나!'라고."
"화난다고 물건을 던지면 안 되는 거야.
화날 순 있는데,
던지는 행동은 좋지 않아."

네가 뭘 원하는지
말하기가 좀 어려워?

1학년 아이와 종이접기 놀이를 하고 있었습니다. 아이는 종이를 세모로 접었다가 폈다가 다른 쪽을 세모로 접더니 "아니, 이게 여러 개여야 되는데, 어쩌고저쩌고" 하면서 짜증을 내기 시작했어요. 제가 "뭘 하고 싶은 건데?"라고 물었습니다. 아이는 "아니, 유치원에서 봤는데 어쩌고저쩌고" 하면서 자세히 설명하지도 않고 웅얼거리며 계속 짜증을 냈어요.
아이가 이럴 때 우리가 많이 하는 말이 뭔 줄 아세요? "너 왜 짜증을 내? 아빠가 재미있게 놀아주는데!" "엄마가 징징거리면서 말하지 말라고 그랬지! 똑바로 말해!"

이럴 때는 이렇게 말해주는 것이 더 좋아요. 소리 내어 읽어볼까요?

"지금 네가 뭘 원하는지
엄마에게 말하기가 좀 어려워?"

그래도 아이는 계속 '세모'가 어쩌고저쩌고하면서 알아들을 수
없게 말했어요. 그래서 제가 "그럼 종이접기 책이 있는데, 거기
에서 좀 찾아볼까?"라고 말했더니 그러겠다고 했습니다.

매번 징징대면서 말하는 아이들이 있어요. 그러면 우리는 '징
징대지 말라는 것'으로만 상호작용을 합니다. "또 징징대기 시
작했네. 너 징징대지 말라고 했지? 예쁜 말로 하라고 했지?"
"시끄러워서 못 살겠다. 너 징징대는 거 징글징글해" 등등….
자주, 많이 징징대는 아이일수록 왜 징징대는지 정작 그 이유
를 묻지 않아요.

그런데요, 한번 잘 들어보세요. 징징대서 알아듣기는 힘들어도 신기하게도 끊임없이 무언가 말하고 있습니다. 잘 들어보고 안 되는 일이 아니라면 아이의 문제를 해결해주세요. 그러면 징징 거림을 좀 줄일 수 있습니다. 징징거림 자체만 지적해서는 징 징거림을 줄일 수 없어요.

재미있자고 하는 건데
그렇게 할 것까지 없지?

아이는 종이접기 책을 보면서 "괴물 공룡을 접어야 되는데 어쩌고저쩌고…"라고 말했어요. 저는 종이접기 책에 가나다순으로 정리된 목차를 보면서 "공룡? 아이고 없네. '개'도 있고 '개구리'도 있는데 공룡은 '기역'에 없네. 아이고, 뭘까?" 하면서 함께 찾았어요.

아이는 "아까 거기 있는 거 봤는데, 어쩌고저쩌고…" 하면서 계속 짜증 모드였습니다. 잘 보니 티라노사우루스가 있었어요. 제가 "티라노사우루스?"라고 물었더니 아이가 맞다고 했어요. 아이는 책을 뺏어서 첫 장부터 넘기기 시작했습니다. 제가 "잠깐만, 아까 거기 다시 펴보자" 한 다음에 목차에서 티라노사우루스를 손가락으로 가리키며 "그 옆의 숫자를 봐" 했어요. 아이가 "130"이라고 읽었어요. 제가 "이런 페이지를 '목차'라고 하는데, 목차에서 나온 이 숫자 페이지를 찾는 거야. 그러면 첫 페이지부터 다 볼 필요가 없어"라고 가르쳐줬습니다.

아이는 그 페이지를 펼쳐놓고 종이접기를 하면서도, 뭐가 잘 안 된다고 또 짜증을 냈어요. 제가 말했습니다. "그런데 세모를 접다가 보면 산이 되고, 그걸 머리에 쓰면 고깔모자이고, 그냥 너 하고 싶은 대로 해도 돼. 우리가 이거 재미있게 놀자고 하는 거잖아. 그렇지? 너 지금 원장님하고 노는 거잖아?" 아이는 조금 진정하고서는 "네"라고 대답했어요. 제가 이렇게 말해주었습니다.

소리 내어 읽어볼까요?

"안 되면 좀 짜증은 나도
재미있자고 하는 건데
그렇게 할 것까지 없지? 그렇지?"

징징대는 아이에게도 우리는 가르쳐줘야 할 것이 있어요. 가르쳐주려면 일단 아이를 진정시켜야 해요. 진정시키려면 아이의 말에 귀를 기울여야 합니다. 귀를 기울이면 아이의 문제를 해결해줄 수 있어요. 아이가 많이 징징댈수록 문제는 한 가지가 아닐 수 있습니다. 하지만 산을 넘듯 하나씩 해결해주다 보면 아이가 좀 편안해져요. 마침내 '징징거림'에 대한 조언도 할 수 있게 된답니다.

오늘부터는 전날 골라놓자

외출 준비할 시간이 빠듯한데 엄마가 골라놓은 옷을 아이가 안 입겠다고 합니다. 자기가 옷을 다시 고르겠다며 떼쓰네요. 이럴 때 "어제 말했어야지, 왜 지금 와서 고집이야?"라고 말하는 것은 모든 잘못을 아이 탓으로 돌리는 겁니다. 이 말은 '네가 어제 말했으면 지금 이런 상황이 안 만들어졌을 것이고 내가 편할 텐데 이제 와서 왜 나를 불편하게 하니?'라는 뜻이거든요. 따지고보면 "내일 입을 옷을 미리 골라놔라" 내지는 "내일 무슨 옷 입을 거니?"라고 묻지 않은 엄마에게도 책임은 있습니다. 이렇게 말해주세요.

소리 내어 읽어보세요.

> "그래?
> 엄마가 골라놓는 옷이 마음에 안 들 수도 있으니까
> 오늘부터는 전날 골라놓자."

그런데도 아이가 계속 고집을 피웁니다. 이럴 때는 분명한 목소리로 이렇게 말해주세요. 소리 내어 읽어보세요.

> "지금은 시간이 없어.
> 네가 마음에 안 드는 것은 알겠는데
> 오늘은 안 돼."

이렇게 말해도 아이가 짜증을 내고 발버둥 치며 울 수 있어요. 같이 화내시면 안 됩니다. 아이가 느끼는 감정적 반응이 당연하다고 생각해주세요. 아이가 받아들이지 못해도 옷을 챙겨서 아이를 번쩍 안고 나오세요. 이 행동으로 아이는 '상황은 알겠어. 네 마음에 안 드는 것도 알아. 하지만 지금은 나가야 하는 시간이야'라는 메시지를 배울 수 있습니다.

아이는 심플해요. 부모가 상상하는 것처럼 복잡하고 고의적이지 않아요. 단지 자기 마음에 드는 옷을 입고 싶은 것뿐입니다. 이것 자체가 잘못은 아니에요. 그런데 오늘, 지금은 상황이 안 됩니다. 그러면 부모도 화내며 혼내지 말고 심플하게 가르쳐주면 됩니다.

불편한 건 알겠어,
그런데 안 입으면 추워서 안 돼

양 소매 길이가 똑같아야 하고, 티셔츠의 목이 조금이라도 올라오면 안 되고, 바지의 엉덩이 부분이 약간이라도 끼면 안 되고 등등…. 옷을 입힐 때마다 쉽지 않은 아이들이 있어요. 그중 감각이 예민한 아이들이 있습니다.

바람이 쌀쌀한데 외투를 입지 않겠다고 아이가 짜증을 냅니다. 어떻게 하면 좋을까요? 아이의 마음을 우선 수긍해준 뒤 부모가 수용할 수 있는 선을 알려주세요. "아, 너는 이렇게 소매가 내려오면 불편하구나. 이렇게 내려와서 여기가 불편하네"라고 말을 겁니다. 아이가 "나는 불편해"라고 말하면 이렇게 말해주세요.

소리 내어 읽어보세요.

> "알았어. 네가 불편한 건 알겠어.
> 그런데 이걸 안 입으면 추워서 안 돼."

불편한 건 알겠어
그런데 안 입으면 추워서 안 돼

아이는 당연히 "나 반팔 입을 거야. 여기 안 내려오는 거 입을 거야"라고 말할 거예요. "알았어. 그러면 차에 타서 유치원 앞에 도착할 때까지는 반팔을 입고 있어. 하지만 내려서는 외투를 입어야 돼. 반팔만 입고 있으면 추워서 안 돼"라고 말해주세요.

자동차에서는 히터를 틀면 되니까 아이의 뜻대로 반팔을 입히는 겁니다. 차에서 내릴 때는 집에서 말한 대로 외투를 입히세요. 이렇게 유예의 시간을 두면 아이가 순순히 받아들이기도 합니다. 물론 그렇지 않은 아이도 있어요. 그래도 부모는 미리 말한 대로 하면 됩니다.

아이의 짜증에는 약간의 유예의 시간을 두거나 그 장소나 상황을 일단 벗어나는 것이 생각보다 많은 도움이 됩니다. 같은 장소, 같은 상황에서 같은 사람과 계속 실랑이하면 감정이 잘 바뀌지 않거든요. 그 상황에서 벗어나면 아이의 마음도 조금 달라집니다.

얼마나 추운지, 감기에는 어떻게 걸리는지, 왜 계절마다 다른 옷을 입어야 하는지 등을 길게 설명하지 마세요. 우리가 착각하는 것이 있습니다. 길게 말하더라도 친절하게만 설명하면 괜찮다고 생각해요. 했던 말을 또 하고 또 하면서 화만 내지 않으면 잘하고 있다고 생각합니다. 안타깝지만 친절해도 말이 길어지면 잔소리예요. 잔소리는 감각이 예민한 아이를 더 짜증스럽게 만듭니다. 아이가 말을 알아듣지 못한 것이 아니에요. 그럼에도 불구하고 말소리에 예민해서 싫은 겁니다.

반창고를 붙여달라는 아이의 마음

네 살쯤 된 여자아이가 엄마 손을 잡고 진료실 안으로 들어왔어요. 잘 보니 팔에 뽀로로 반창고가 두 개나 붙어 있습니다. "얘 다쳤어요?"라고 물었더니 아이 엄마가 "아니요. 얘는 반창고를 자꾸 붙여달라고 해요"라고 대답했어요.

다치지도 않았는데 아이는 왜 반창고를 붙여달라고 할까요? 우리 어릴 적에는 배가 아프다고 하면 엄마가 따뜻한 손으로 "엄마 손은 약손, 아가 배는 똥배" 하면서 배를 부드럽게 문질러주었습니다. 그 행위에는 노래의 운율에서 느껴지는 다정한 청각적 자극, 배를 부드럽게 문질러줄 때 따뜻한 촉각적 자극이 있었어요. 가까이 느끼는 엄마 냄새라는 후각적 자극도 있었습니다. 엄마가 배를 문질러주면 아픈 것은 물론이고 마음까지 편안해지면서 스르르 잠이 오기도 했지요. 그래서 어떤 아이들은 뭔가 불편할 때마다 배가 아프다고 꾀병을 부리기도 했습니다. 사실 엄마의 다정한 목소리, 따뜻한 손길, 푸근한 냄새를 원한 거지요.

반창고도 그런 의미입니다. 아이가 아프다고 하면 엄마는 "어휴, 여기가 아팠구나. 호" 하고는 반창고를 붙여줍니다. "호" 할 때 아이는 엄마 숨결을 느끼고, 엄마가 붙여준 반창고로 엄마의 관심, 사랑, 보호 등을 눈으로 확인해요. 아이가 자꾸만 반창고를 붙여달라고 하는 진정한 이유는 엄마의 긍정적인 감정을 충분히 느끼고 싶은 거예요. 말로만이 아니라 눈으로도 확인하고 싶은 겁니다. 반창고가 손가락에 감겨 있을 때, 엄마의 사랑이 충분하다고 느끼는 겁니다. 그런데 이럴 때 엄마가 "어디 봐. 아이, 별로 안 다쳤네. 이건 반창고 붙일 일은 아니야"라고 반응하면 아이 마음이 어떨까요? 조금 헛헛하겠지요. 부모는 아이의 행동 이면에 숨은 진짜 이유를 알아차리는 눈이 있어야 합니다.

너무 과민 반응하지도 말아야 합니다. 조금 긁힌 것에도 "어머머! 우리 ○○, 아파서 어떡해. 얼른 병원 가보자!" 하며 호들갑을 떠는 것도 좋지 않아요. 너무 강력한 자극은 아이 머릿속에 깊숙이 남습니다. 그래서 이유 없이 아프다고 하기도 해요.

적절한 관심이 중요합니다. 아이가 아프다고 신호를 보내면 "어디 보자" 하면서 어디가 아픈지도 살펴보고, 만져도 보고, 반창고도 붙여주세요. 약도 좀 발라줍니다. 그리고 "약도 바르고 반창고도 붙였으니까 좀 지켜보자"라고 말해주세요. 시간이 좀 지나서 "아까 다친 곳 어떻게 되었나 볼까?" 하면서 반창고를 떼어봅니다. 말짱해요. 그러면 "와, 이제 괜찮아졌네. 뽀로로 반창고야, 안녕" 하면서 반창고를 떼어서 쓰레기통에 버립니다. 아직도 조금 빨갛다면 약을 한 번 더 발라주고 반창고도 새로 붙여주세요. 만약 이전보다 더 빨갛고 부어올랐다면 병원에 가는 것이 맞아요. 이것이 적절한 관심입니다.

아이가 아프다고 할 때는 굉장히 친밀하고 친절한 관심을 주어야 하지만 지나치게 과잉 반응해서는 안 된다는 것, 기억하셨으면 해요.

어떨 때 미운지 이야기해주겠니?

아이가 말했어요. "엄마 미워! 나는 엄마가 내 엄마가 아니었으면 좋겠어!" 그래도 아이가 자신을 낳아준 나를, 엄마인 나를 사랑한다는 사실을 믿어 의심치 마세요.

어떤 엄마는 아이가 "나는 엄마가 교통사고 났으면 좋겠어. 팔한쪽이 없어졌으면 좋겠어"라고 말했다며 속상해했어요. 아이의 말을 칭찬할 수는 없어요. 하지만 아이도 엄마에게 화날 수있고 엄마가 싫을 수 있습니다. 솔직히 우리도 목숨 바쳐 사랑하지만 1년 365일 24시간 내내 아이가 좋지는 않잖아요? 물론언제나 사랑하죠. 그래도 아이가 마음에 안 들 때도 있습니다. 아이도 그래요. 매 순간 100퍼센트 엄마가 좋기만 하진 않습니다. 그러다보면 "엄마 미워"라고도 말할 수 있어요.

어떤 마음일지 정말 잘 알아요. 그런데 아이가 그렇게라도 마음을 표현한 것이 그렇지 않은 것보다 만 배 나은 거예요. 참어렵긴 하지만 아이의 말을, 행동을 담대하게 받아들이도록 노력하셔야 합니다.

그런 순간에도 아이가 나를 가장 좋아한다는 근본적인 사실을 믿어 의심치 마세요. 자식은 원래 부모를 가장 좋아합니다. 학대하지만 않으면 그렇습니다.

아이가 그렇게 말할 때 "어디서 그런 말을 해?" "야! 나도 네 엄마 하기 싫거든!" "너 같은 애, 나도 진짜 키우기 힘들어!" 라고 되받아치지 마세요. 그보다 '나를 세상에서 제일 좋아하는 아이가 왜 나에게 그런 말을 했을까?'를 궁금해하셨으면 합니다.

아이가 왜 그런 말을 했는지 궁금하실 거예요. 아이에게 직접 물어보세요. 소리 내어 읽어볼까요?

> "엄마에게 미운 마음이 들 때가 있구나.
> 어떨 때 엄마가 미운지 이야기해주겠니?"

엄마가 안 들어주면 밉구나

아이는 엄마가 밉다고 하면서 어제 엄마가 들어주지 않은 무언가를 말할 수도 있어요. 이때 이렇게 물어보세요. "아, 네가 뭘 해달라고 했는데 엄마가 안 들어주면 미워?" 아이가 그렇다고 하면 "그렇구나. 그런데 엄마가 미울 때 마음이 어때?"라고 한 번 더 물어주세요. 아이들은 의외로 슬프다는 대답을 많이 합니다. 그러면 "엄마가 안 들어줘서 슬프구나"라고 아이의 감정을 정리해주세요. 부모님이 밉다고 말하는 아이의 마음 상태는 슬픔이에요. 미움과 증오가 아닙니다.

물론 화난다고 대답하는 아이도 있어요. 그럴 때는 "엄마가 안 들어줘서 화나는구나"라는 식으로 말해주세요.

소리 내어 읽어보세요.

> "아, 네가 뭘 해달라고 했는데
> 엄마가 안 들어주면 밉구나."

아이가 말한 것을 충분히 들어줄 수 있다면 "아, 이건 엄마가 들어줄 수 있는 것이었네" 하고 얼른 들어주세요. 만약 들어줄 수 없다면 "엄마는 너를 정말 사랑해. 그런데 이것은 안 되는 거야"라고 말해줍니다. 아이는 다시 "엄마, 미워!"라고 하겠지요. 그래도 그걸로 끝입니다. 안 되는 것은 아무리 "엄마 미워" 하며 떼써도 어쩔 수 없는 거예요. 이때 아이의 말에 무언가를 덧붙이지 마세요. 혼내지도 마세요. "안 되는 거야" 하고 마는 겁니다.

축축하지? 불편하고 싫지? 말려줄게

어린아이가 어떤 상황에서 "예뻐요" 혹은 "미워요"라고 표현하는 것은 액면 그대로의 뜻이 아닌 경우가 많아요. 그 상황에서 아이의 마음을 생각하며 아이의 말을 들어야 합니다.

감각이 굉장히 예민하고 까다로운 아이가 있었어요. 상담하던 중, 아이는 마시던 물을 실수로 옷에 엎질렀습니다. 옷이 젖자 기분이 아주 나빠졌어요. 그리 많이 젖지도 않았는데 옷을 벗겠다고 난리가 났습니다. 기질이 까다로운 아이들은 이런 상황을 쉽게 받아들이지 못해요.

이때 이렇게 말해주었습니다. 소리 내어 읽어보시겠어요?

> "축축하지? 불편하고 싫지?
> 그런데 벗으면 감기 걸려서 안 돼.
> 말려줄게."

이런 아이들을 위해 진료실에 헤어드라이어를 항상 준비해놓았어요. 예민한 아이들은 기계 소리를 싫어하기 때문에, 저는 헤어드라이어를 켜기 전 소리를 흉내 내며 아이를 안심시킵니다. "걱정 마. 원장님이 싹 말려줄게. 윙, 윙, 말려줄게." 이렇게 말한 뒤 젖은 옷을 말려주면 아이들 표정이 한결 편안해집니다. 그리고 느닷없이 하는 말이 있어요. "원장님, 예뻐요."

아이가 하는 '예뻐요'라는 말은 정말 예쁘다는 말이 아닙니다. '내 마음을 알아줘서 원장님이 좋아요. 나를 편안하게 해줘서 마음이 참 좋아요'라는 뜻이에요.

아이가 부모에게 혼나다가 "엄마, 미워" "아빠, 싫어"라고 말할

축축하지?
불편하고 싫지?
말려줄게

때도 마찬가지입니다. 아이가 하는 '미워요' '싫어요'라는 말은 '나 속상해요. 마음이 불편해요. 슬퍼요'라는 뜻이에요.

아이의 말은 표현 그대로의 뜻이 아닐 때가 많습니다. 아이가 세상에 나와서 쌓아온 시간의 양과 우리가 쌓아온 시간의 양은 너무나 차이가 납니다. 그 차이만큼 언어의 표현도 차이가 많이 나지요. 우리 시간의 깊이로 아이의 말을 받아들이지 마세요. 우리가 가진 세월의 깊이에 맞게 아이를 이해해주셨으면 좋겠습니다.

동생 때문에 많이 힘들지?

아이들은 "동생이 없었으면 좋겠어"라고 말하기도 합니다. 이럴 때 동생은 소중한 존재이고 가족이 모두 사랑으로 돌봐야한다고 설명하지 마세요. 아이는 그저 자기 마음을 표현한 것뿐입니다. 아이가 표현한 감정을 감정으로 받아주세요.

소리 내어 읽어보세요.

> "우리 ○○, 많이 속상하구나.
> 동생 때문에 많이 힘들지?"

우리는 종종 누군가가 자신의 감정을 이야기하면 생각으로 받아들입니다. 그저 그런 감정이 들었다고 말한 것을, 의도를 가지고 한 '생각'으로 바꾸는 것이지요. 감정을 생각으로 받아들이면 아이가 그런 생각을 했다고 여기고 그 생각의 옳고 그름을 따지게 돼요. 쓸데 있는 것인지 쓸데없는 것인지 나누게 되지요. 그러곤 그 생각을 고쳐주기 위해 설명하며 설득하려 듭니다. 설득이 잘 안 되면 약간 화까지 내면서 특정 감정을 강요해요. 그러지 마세요.

감정을 표현하면 감정으로 받아주세요. 예를 들어 남편이 "나 너무 힘들어. 회사 때려치울 거야"라고 말하면 "사표를 내고 싶을 만큼 많이 힘들구나. 마음이 그렇게 힘들어서 어떡해"라고 받는 거지요. 여기에 "당신만 힘들어? 나도 힘들어! 이 세상에 안 힘든 사람이 어디 있어? 관두면 뭐 먹고 살아? 책임감 없이 그런 생각을 해?"라고 대답하면 감정을 생각으로 받은 겁니다.

물론 현실에서 이렇게 소통하는 것이 쉽지 않다는 건 잘 알아요. 그래도 그렇게 하려고 노력해야 합니다. 그래야 마음에 상처가 덜 생겨요. 함께 있으면서 외롭다는 생각이 덜 듭니다.

그런 마음이 들 만큼 많이 힘들었구나

어떤 아이가요, "나는 태어나지 말았어야 했어. 나는 저 칼로 죽어버릴 거야"라고 말합니다. 이런 말을 들으면 덜컥 무섭고 '어떻게 아이 입에서 저런 말이 나오지?' 하며 당황하게 되지요. 간신히 정신을 차리고는 "너 왜 그런 생각을 해? 그런 생각 하면 나쁜 사람이야. 생명이 얼마나 소중한 건데…. 다시는 그런 생각 하지 마"라고 말해줄지도 몰라요.

그런데 아이의 말은 정말로 죽겠다는 뜻이 아니에요. 지금 그런 마음이 들 정도로 힘들다는 겁니다. 그러니 좀 도와달라는 뜻이에요. 이럴 때는 이렇게 말해주세요.

소리 내어 읽어보세요.

> "그런 마음이 들 만큼 많이 힘들었구나.
> 아빠가 몰랐네. 미안하다."

그리고 따뜻하게 물어봐주세요. 소리 내어 읽어보세요.

> **"뭐가 힘든지 아빠한테 말해줄 수 있을까?"**

아이의 마음을 좀 따라가 보세요. 아이를 도울 수 있습니다. 아이의 마음을 안아줄 수 있습니다. 누구나 깊은 마음, 힘든 마음은 자신과 가장 가까운 사람, 의미 있는 사람에게 표현합니다. 아이도 그런 거예요. 아이가 어떤 상황에서 그 말을 했는지, 다른 사람도 아닌 나에게 그 말을 한 이유가 무엇일지, 한번 생각해보세요.

못된 게 아니에요, 가여운 겁니다

일곱 살 아이가 있습니다. 이 아이는 자기가 하고 싶은 말만 해요. 묻는 말에
는 대답하지 않고 메롱만 하는 아이입니다. 진료실에 들어선 아이에게 제가
"□□야, 안녕? 너 오늘 누구랑 왔니?"라고 물으니 진료실 안을 휙휙 둘러보곤
느닷없이 "사탕 주세요"라고 말했어요. 아이와 나눈 대화입니다.

"원장님 방에 사탕은 없어."

"왜요? 사탕 좀 갖다 놓으세요."

"밖에 나가서 기다리면 원장님이 사탕 하나 줄 거야."

"아, 치사하게 왜 하나만 줘요? 하나는 치사한 거지."

"하나는 줘. 많이 먹으면 건강에 안 좋은데 하나 정도는 괜찮아. 원장님이랑 이
야기 다 끝나고 나가 있으면 사탕 하나 줄 거야."

"지금 사탕 주세요. 그래야 나 말할 거예요. 사탕 안 주면 나 말 안 해요. 그렇게
치사하게 하나밖에 안 주면 나도 말 안 해요."

"어, □□야, 네가 말을 안 해도 나가서 있으면 사탕 하나는 줄 거야."

"아 치사하게. 지금 주세요. 나 말 안 할 거예요."

"사탕을 주든 안 주든 네가 할 말을 하는 것은 네가 원래 해야 하는 일이야."

"말 안 한다니까요. 사탕 안 주면."

"억지로 시키지는 않지. 네가 말을 해주면 좋은데 억지로 시키진 않아. 그리고
사탕을 줘야지만 말한다고 하면 더욱 들어줄 수 없어. 그건 흥정이거든. 원장

님이 네 말을 듣기 위해서 사탕을 줄 순 없어. 그런데 말 안 해도 나가면 사탕은 줄 거야. 하나는 꼭 줘. 그런데 네가 원하는 것을 안 들어줘도 네 할 일은 해야 하는 거야."

"나는 싫어요."

"싫어도 해야 하는 것이 있거든. 네가 좋아하는 것만 하고 살 수는 없거든."

"싫어요. 나는 말 안 할 거예요."

"그래서 걱정인 거야."

제 마지막 말에 아이는 눈이 동그래져서 저를 빤히 쳐다봤어요.

"그래서 너희 엄마하고 원장님이 걱정해. 네가 너 싫은 것은 안 하려고 하니까. 싫은 것을 안 하고 살 수는 없거든. 그러니까 걱정인 거지. 원장님도 지금 걱정하는 것이고, 너희 엄마도 너의 그런 부분을 많이 걱정하시더라."

이런 식으로 말하는 아이와는 말꼬리를 잡고 말을 주고받으면 안 됩니다. 당황하지 말고 '아이가 왜 그럴까? 나는 이 상황에서 무엇을 가르쳐야 하나?'를 생각해야 해요. 그리고 딱 하나만 가르쳐야 합니다. 딱 하나를 여러 번에 걸쳐서 다뤄주세요. 중간에 혈압이 좀 오를 수도 있습니다. 하지만 아이가 배우는 과정을 부모는 견뎌야 해요.

아이 엄마에게 아이와 이런 대화를 나눴다고 이야기했더니, 하루 종일 이런 식이라며 정말 미칠 것 같다고 토로했습니다. 유치원에서는 또 얼마나 혼나겠냐며 눈물을 흘렸어요. 그러면서 요새는 아이가 외출을 전혀 안 하려 든다고 했어요.

불안하고 예민한 아이들 중에는 잔뜩 움츠러드는 아이가 있는가 하면, '나 세! 그러니까 나 함부로 공격하지 마!'라는 의미로 언제나 손톱을 세우고 경계하는 아이도 있습니다. 어떤 아이는 이 두 가지 모습을 다 보이기도 해요. 이 아이가 바로 그런 아이입니다. 그나마도 편한 사람한테는 메롱 하고 청개구리 짓을 하지만 너무 두려우면 확 위축돼서 꼼짝도 못 합니다. 그래서 밖에도 못 나가는 겁니다. 제가 엄마에게 말했어요.

"얘 굉장히 불안하고 예민한 아이예요. 불특정 다수와 만나는 것이 얼마나 두려우면 외출이 힘들까요? 이 조그만 아이가 얼마나 예민하면 언제나 날을 세우고 있을까요? 그러는 얘 마음은 편할까요? 엄마, 얘를 못됐다고 생각하면 절대 안 돼요. 말 안 듣는다고도 생각하지 마요. 이건 화낼 일이 아니라 가여운 거예요."

아이를 키울 때 가장 중요한 것은 마음이 편안한 사람으로 키우는 겁니다. 이런 아이는 정말 가여운 거예요. 못됐다고 생각하면 안 됩니다. 가엽게 생각하고 어떻게 도와줘야 할지 가슴 깊이 고민해야 합니다.

조금만 가르쳐줄게요

친척이나 친구랑 놀 때 맨날 장난감을 뺏기고 우는 아이가 있어요. 속상하지요. 뺏는 쪽 아이 부모가 나서주면 좋겠는데 "놀다가 그럴 수도 있지" 하면서 가만히 있습니다. 이럴 때 어떻게 하면 좋을까요?

유아나 초등학교 저학년까지는 어른이 개입을 해야 합니다. 스스로 문제를 해결할 수 있는 것이 많지 않기 때문입니다. 개입해서 남의 집 아이라도 가르쳐주어야 해요. 그런데 남의 아이를 가르칠 때는 굉장히 조심스럽게 접근해야 합니다. 그 아이 부모한테 양해부터 구해야 해요. 살짝 웃으면서 말해주세요.

소리 내어 읽어보세요.

> "언니, 기분 나빠하지 마요. 저도 ○○ 사랑해요.
> 내 자식 같으니까 조금만 가르쳐줄게요."

246

그 아이에게 좋게 이야기하세요. 아이가 그 말을 듣고 바뀌지 않을 수도 있어요. 하지만 약간의 위기 상황에서 내 아이든 남의 아이든 적절하게 개입해서 잘 지도하는 것, 잘 가르쳐주는 것이 우리 어른들의 역할입니다.

관계 유지를 위해서 그저 꾹꾹 참기만 하다가 더 이상 못 참을 지경이 되어서 '진짜 이상한 사람이야. 만나지 말아야겠다'라고 결론을 내리는 것은 좋지 않아요. 사람은 누구나 완벽하지 않습니다. 그 아이도 그 부모도 완벽하지 않아요. 나도 내 아이도 마찬가지입니다. 어쩌다 조금 나쁜 행동도 실수로 할 수 있어요. 대처가 서툴 수도 있습니다. 그때마다 관계를 단절하는 것으로 마무리하지 마세요. 우리 아이도 그렇게 배울 수 있어요. 인간관계에서 무언가 불편하거나 꼬이면 도망가거나 대판 싸우거나 단절해버릴 수 있습니다.

조금 불편했지만, 문제가 있었지만, 결국은 좋게 해결하는 모습을 보여주세요. 그래야 아이도 문제가 단번에 좋아지지 않아도 결국은 풀어갈 수 있다는 것을 생활 속에서 배우게 됩니다.

'나 이거 가지고 놀아도 돼?'라고
말로 표현해

우리 아이의 장난감을 뺏은 다른 집 아이를 어떻게 하면 좋게 가르칠 수 있을까요?

우선, 소리 내어 읽어보세요.

> "이거 가지고 놀고 싶었구나.
> 그러면 '나 이거 가지고 놀아도 돼?'라고
> 말로 표현하는 거야. 그럼 빌려줄 거야."

아이가 "안 빌려주면요?"라고 물을 수도 있습니다. "그러면 좀 기다렸다가 놀아야지. 이렇게 확 뺏으면 다칠 수 있어. 그러지 마라"라고 설명해줍니다.
"야! 너 왜 △△ 거 뺏어? 다칠 뻔했잖아!" "네 거 아니잖아. 어딜!" "너희 부모한테 그렇게 배웠어?" "너 그러면 나쁜 사람이야"라고 말하는 것은 화내는 것이고, 혼내는 것이에요. 가르치는 것이 아닙니다.

장난감을 뺏긴 우리 아이에게 가르쳐주세요. 소리 내어 읽어보세요.

> "누가 네 것을 뺏어가면
> '이거 내 거야. 말하고 가져가야지'라고
> 말하는 거야."

아이가 "그래도 가져간다고!"라고 말하면 "그렇다고 친구를 때리거나 밀치면 안 돼. 그럴 때는 옆에 있는 어른들한테 이야기하는 것이 좋아. 그게 좋은 방법이야"라고 알려줍니다.

하는 척만, 찌르진 않기!

가지고 놀던 장난감 칼로 꼭 상대방을 찌르는 아이들이 있습니다. 이런 아이에게는 놀이 전에 이렇게 말해주세요.

소리 내어 읽어보세요.

> "우리 신나게 놀지만
> 몸을 진짜 찌르는 건 안 되는 거야.
> 하는 척만 하기, 찌르지 않기!"

찌르는 순간은 "얏!"이라는 소리를, 찔리는 사람은 "윽!" 하고 소리를 내기로 미리 정합니다. 이런 식으로 대안을 만들어서 아이가 놀이 속에서나마 자기감정을 충분히 표현하도록 만들어주세요.

유난히 공격적인 놀이를 하는 아이들이 있습니다. 좋다고 말할 수는 없어요. 그런데 아이들도 일상에서 나름대로 화도 생기고 스트레스도 받습니다. 놀면서 마음을 표현하고 해결해나가는 것이 표현하지 않는 것보다 나아요. 아이는 놀이를 통해서 평소 해결하지 못한 감정을 해결하고 조절하는 방법을 배워간다는 것을 기억하셨으면 합니다.

아이가 상대방을 찌르지 않겠다고 했는데 또 찌릅니다. 하지 않겠다고 약속했는데 또 합니다. 그러면 우리는 기회를 거두어 버리지요. "이제는 너랑 안 놀아줄 거야" "이제 칼은 못 가지고 놀 줄 알아" 등등….

잠깐 놀이를 멈추는 것은 맞습니다. 잘못된 행동이라고 알려주기도 해야 합니다. 하지만 다시 기회를 주세요. 지금은 안 놀아주지만 나중에 또 놀아주세요. 내일은 다시 그 장난감을 주세요. 끊임없이 기회를 주셔야 합니다. 그래야 아이가 자신을 조절해가는 연습을 할 수 있어요.

그런데 왜 자꾸 찌르는 건데?

칼싸움 놀이를 하다가 중간에 멈추고 규칙을 다시 말해줘도 아이가 상대방을 계속 찌릅니다. "하지 말라고 했잖아! 몇 번을 말해!" 하면서 화내지 마시고 진지하게 물어보세요. "○○이는 엄마랑 노는 것, 정말 재미있잖아?"라고 물으면 아이가 "네"라며 대답하겠지요. "찌르면 안 되는 거 알잖아?"라고 다시 물으면 아이는 또 "네"라고 답할 겁니다. 이때 이렇게 말해주세요. "그런데 왜 자꾸 찌르는 건데?"

화내지 말고, 혼내지 않고 정말 궁금하다는 듯 물어보면 아이들은 생각보다 대답을 곧잘 해줍니다. 어떤 아이는 "안 그러고 싶은데 실수로…"라고 답하기도 하고, "친구도 나랑 놀 때 자꾸 때려요"라고 말할 수도 있어요. 아이의 솔직한 대답을 들으면 어떻게 가르쳐줘야 할지 의외의 답을 발견하기도 합니다.

소리 내어 읽어보세요.

"○○이는 엄마랑 노는 것, 정말 재미있잖아?"
"찌르면 안 된다는 거 알잖아?"
"그런데 왜 자꾸 찌르는 건데?"

어른들은 현실에서 꺼내놓고 해결할 수 없는 깊은 갈등을 겪을 때, 그것을 꿈으로 꾸기도 해요. 아이들의 공격적인 놀이도 그것과 같아요. 상징적으로 자기가 다루기 쉬운 형태, 순화된 형태로 놀이 안에서 표현하는 거랍니다.

져도 이겨도 재미있는 거야

아이와 놀 때, 부모들이 이런 말을 많이 하세요. "누가 빨리 하나 내기하자." "누가 많이 하나 보자." 아이의 승부욕을 자극해서 더 재미있게 놀아주려는 것인데요. 놀 때는 그렇게 하지 않는 것이 좋습니다. 놀이는 져도 재미있고 이겨도 재미있어야 해요. 자꾸 놀이에서 '이겼니, 졌니'를 강조하면 '뭐든 이겨야 좋은 것이다'라는 명제를 강화하는 꼴이 됩니다.

부모가 놀이에서 이기고 너무 좋아하면서 진 아이를 놀리는 행동도 당연히 좋지 않습니다. 아이와의 놀이에서 승부에 너무 집착하면, 졌을 때 울고불고 난리가 나는 아이가 될 수 있어요. 그러다보면 부모는 뭐든 다 져줘야 합니다. 이것도 좋지 않아요. 져주는 것도 역시 '이기는 것'만 좋은 것이라고 아이한테 가르치는 꼴이 되거든요. 놀이에서는 '경쟁해서 이기는 것보다 즐거움을 느끼는 것이 중요하다'고 깨닫게 해야 합니다.

이기든 지든 승부가 나는 놀이를 시작할 때 아이에게 이렇게

255

말해주세요. 소리 내어 읽어보세요.

"져도 재미있고 이겨도 재미있는 거야.
아빠랑 재미있는 시간 보내자.
규칙은 '져도 이겨도 즐거울 것'이야.
서로 최선을 다하는 거야.
봐주기 없음! 속이기 없음!"

우하하하
재미있다!

부모와 아이가 실력 차이가 크게 날 때는 두 사람의 수준에 맞게 규칙을 정해야 공정한 거예요. 바둑을 둘 때 급수가 다르면 몇 수를 접어주고 두는 것과 같습니다. 놀이나 게임의 난도가 높다면 아빠는 열 번을 성공해야 이기고, 아이는 세 번만 성공해도 이기는 것으로 정할 수도 있어요.

경쟁에서 지는 것이 자존심 상할 일은 아니지요. 규칙을 지키면서 최선을 다해보는 공정한 승부의 경험, 그 자체가 중요한 겁니다.

엄마, 나 잘하고 있어요

오래전에 외국 신문에서 읽은 이야기입니다. 한 엄마가 자폐증이 있는 남자아이를 끔찍하게 아끼며 혼자 키웠습니다. 비바람이 세차게 치던 어느 날, 아이가 열이 심하게 났어요. 병원은 바위산 몇 개를 넘어야 갈 수 있습니다. 운전하기에는 위험한 날이지만 엄마는 길을 나섰습니다.

그런데 얼마 되지 않아 '번쩍' 번개가 치더니 돌덩이 하나가 산에서 굴러떨어져 차를 들이받았습니다. 엄마의 차는 데굴데굴 바위산을 굴러 계곡에 처박히고 말았어요. 출동한 구조대가 차 안을 열어보니 엄마의 몸은 만신창이였어요. 어쩐 일인지 아이는 다행히 가벼운 타박상만 입었습니다.

엄마는 대수술을 몇 번이나 했지만 깨어나지 못했어요. 엄마는 중환자실에서 매일 생사의 고비를 넘겼지만 아이의 일상은 사고 이전이나 이후나 비슷했어요. 딱히 의사소통이 되지 않는 아이라 주변 사람들은 어쩌면 아이가 이 상황을 제대로 알지 못하는 게 다행일지도 모른다고 생각했습니다.

그렇게 한 달이 지난 어느 날이었어요. 아이를 돌보던 이모는 엄마의 마지막 모습이라도 보여줘야겠다는 생각에 병원 중환자실로 아이를 데리고 갔습니다. 온몸에 셀 수 없이 많은 주삿바늘을 꽂고 있는 엄마를 보고도 아이는 놀라지 않았습니다. 울지도 않았어요. 아이의 반응을 보고 이모는 아이가 엄마를 알아보지 못한다고 생각했어요. 그런데 아이가 엄마 곁으로 성큼성큼 다가갔어요. 그리고 몸을 숙여 엄마의 귀에 입을 대고 짧게 몇 마디 속삭였습니다. 그러곤 바로 이모 곁에 와 손을 잡았습니다. 이후 아이는 몇 달 동안 매일 같은 시간에 엄마에게 들렀어요. 그리고 매일 똑같은 행동을 했습니다. 아이가 머무르는 시간은 5분 남짓. 아이는 엄마에게 다가가 귓속말을 하고는 바로 돌아와 이모의 손을 잡고 병실을 나왔습니다.

이후 엄마는 기적적으로 의식을 되찾고 건강을 회복했답니다. 대화가 가능해졌을 때 이모는 물었어요. 도대체 그때 아이가 엄마 귀에 대고 뭐라고 말했느냐고요. 엄마는 굵은 눈물방울을 또르르 흘리며 말했습니다. 아이는 매일 똑같은 말을 했답니다.

"엄마, 나 잘하고 있어요."

아이는요, 부모를 정말 사랑합니다. 아이는 누구보다도 부모가 자신을 사랑해줄 때, 자신의 마음을 알아줄 때 가장 행복합니다. 아이의 웃는 얼굴에 부모가 행복감을 느끼듯, 아이도 부모의 웃는 얼굴에 행복감을 느낍니다. 그래서 부모가 실수를 해도 금방 용서해요. 부모가 잘 대해주려고 노력하면 언제든지 부모가 내민 손을 잡아줍니다. 달려와서 부모 품에 안깁니다. 그래서 우리는 아이 때문에 힘들지만 아이에게 위로를 받을 때도 많아요. 우리가 아주 조금만 나아지려고 노력해도 아이는 정말 많이 달라져요. 물론 변화가 금세 나타나지는 않습니다. 하지만 어느 날 문득, 깜짝 놀랄 변화가 생길 거예요.

"엄마, 미워!"
"나는 뭐, 너 이쁜 줄 알아?"

"이제부터 아빠 말 하나도 안 들을 거야!"
"나도 네가 해달라는 거 하나도 안 해줄 거야. 누가 손해인가 보자."

아이 앞에서 감정은 순간순간 유치해지기도 합니다.
네 살이고, 서른한 살인데….
여섯 살이고, 서른여섯 살인데….
열세 살이고. 마흔네 살인데….
어느 순간 부모가 네 살이 되고, 여섯 살이 되고, 열세 살이 되어서
뭔가 훈육을 하려고 했던 것도 같은데
탁구공처럼 말이 왔다 갔다 하고
아이를 콕 쥐어박고 싶을 정도로 화나고 혼내주고 싶어집니다.
결국은 그 조그만 아이와 싸움을 하고 있지요.

싸움을 한다는 건
아이를 아이로 보고 있지 않은 겁니다.
아이 앞에 부모가 아니라 '아이'로 서 있는 순간입니다.

부모는 언제나 부모의 자리에 있어야 합니다.
유치해지지 말자고요.
하룻강아지는 범을 보고 짖을 수 있어요.
범은 하룻강아지를 보고 으르렁대지 않습니다.

유치해지지 않고
처음 의도대로

오늘 힘들었네, 힘들었구나

학교에 갔다 온 아이가요, "아 힘들어. 쉬고 싶어"라고 말합니다. 부모가 보기에는 걱정도 없고 한가하게 사는 것 같은, 공부도 좀 못하는 아이예요. 아이 말에 부모는 바로 "야, 네가 한 게 뭐 있다고 쉬고 싶어! 너 숙제는 다 했어?" 하며 '의무' 이야기를 꺼냅니다. 이러면 아이는 "하… 무슨 말을 못해?" 하고 투덜대며 자기 방으로 들어가 버리기 쉽습니다.

이렇게 말해주셨으면 좋겠어요. 소리 내어 읽어보세요.

> "어휴, 오늘 힘들었네, 힘들었구나.
> 뭐가 그렇게 힘들었니?"

아이가 "아, 오늘 선생님이 수업 다 끝났는데도 짜증 나게 어쩌고저쩌고…" 하며 불평을 늘어놓아도 "너희 선생님, 좀 너무

힘들었구나
뭐가 그렇게 힘들었니?

하셨네. 너희들 정말 짜증 났겠다"라고 수긍해주세요. 여기에 "야, 선생님이 너희들 공부시키려고 그러는 거야. 너희들이 말을 좀 안 듣니?"라고 말하면 아이는 입을 닫아버립니다.

"엄마는 더 힘들어! 그것 가지고도 힘들다고 하면 앞으로 어쩔래?"라고 말하면 유치한 겁니다. 아이가 힘들다고 하면 "어휴, 우리 딸 오늘 힘들었구나. 하루하루 힘든 날도 있어. 고생했네"라고 표현해주세요. 부모 말에 아이는 '아, 집에 왔구나. 편안해'라고 느끼면서 하루의 피로를 풀 수 있습니다.

아이가 힘들다고 하면 힘든 거예요. 어렵다고 하면 어려운 겁니다. 그리고요, 짜다고 하면 아이 입에는 짠 거예요. 그저 "힘들구나" "어렵구나" "네 입에는 짜구나"라고 수긍해주면 됩니다. 굳이 "뭐가 힘들다고 그래?" "뭐가 어렵다고 그래?" "하나도 안 짜고만. 너는 맛도 모르니?"라고 말하지 마세요. 인정해주세요. 그게 존중입니다.

그래, 알았으면 됐어

아이가 부모의 말에 "알았다고요"라고 퉁명스럽게 대답할 때가 있습니다. 이때 그냥 넘어가세요. 보통 사춘기 아이들은 "네, 알겠어요"라고 고분고분 대답하지 않습니다. "아아…. 알았어요, 알았어요"라는 대답은 사실 "예스Yes"와 진배없어요.

아이가 "알았다고요, 알았다고요"라고 말할 때 '왜 말을 저따위로 하지?'라며 기분 나쁘게 받아들이지 마세요. "알았다는 애가 그렇게 행동해?" 하며 아이를 도발하지도 마세요. '알겠다고 했으니 이제부터는 노력하겠지.' 이렇게 이해하고 넘어가세요.

사춘기 아이들이 말하는 "알았다고요"에는 나름대로 큰 의미가 담겨 있습니다. 부모에게 자꾸만 반항하고 싶은 마음을 억누르면서 하는 말이에요. 건드려선 안 됩니다. 오히려 고마워해야 합니다. 조금 짜증을 부리면서 "알았다고요"라고 말해도 이렇게 대답해주세요.

소리 내어 읽어보세요.

"그래, 알았으면 됐어."

부모 손에 이끌려 억지로 진료실을 찾은 중학교 2학년 아이가 의자에 삐딱하게 앉았어요. 아이는 연신 "아이 씨"라며 투덜거렸습니다. 엄마는 저와 아이를 번갈아 보며 안절부절못했어요. 아빠는 아이를 한심하다는 듯이 쳐다보며 큰소리로 "야, 야, 똑바로 앉아. 똑바로!"라고 말했습니다. 제가 그냥 두라고 했어요. 그리고 아이에게 말했습니다. "그래, 오기 싫을 수도 있지.

그냥 편하게 앉아도 괜찮아. 이런 걸로 네 진심이 전달되지 않는 건 아니니까." 아이는 자세를 고쳐 앉았어요.

사춘기 아이들은 말의 내용보다 표현 방식에 민감합니다. 부모의 말이 거칠어질수록 말을 더 안 들어요. 부모가 부드럽게 말하면 부모 말을 조금은 들어요.

수는 데 미안한데,
네 도움이 좀 필요해

집에 정리할 것투성이입니다. 엄마 아빠는 정리하느라 분주해요. 그런데 아이는 소파에 누워서 스마트폰을 들여다보고 있습니다. 이럴 때 아이에게 많이 하는 말이 있어요. "야, 넌 왜 이렇게 이기적이야? 다들 바쁜 거 안 보여?"

도움이 필요하면 심플하게 도와달라고 부탁하면 됩니다. 괜히 '이기적'이라는 이름표를 아이에게 붙이지 마세요.

부모는 설명하지 않아도 아이가 부모의 바쁜 사정을 모두 알고 있다고 생각합니다. 다 알면서 도와주지 않는 아이에게 섭섭해요. 좀 괘씸하기도 합니다. 어쩌면 '나는 이렇게 바쁜데 어떻게 쟤는 저렇게 놀고 있을 수가 있어?'라는 유치한 생각을 하고 있는지도 모릅니다.

그런데요, 부모가 이렇게 나오면 아이는 정말 섭섭합니다. 아이는 자기 마음을 다 설명하지 않아도 부모는 다 알 거라고 '원래' 그렇게 생각하거든요.

이럴 때는 "이것 좀 도와줄래?" 아니면 "할 일 다 했니? 할 것

쉬는 데 미안한데,
네 도움이 좀 필요해

남았니?"라고 우선 물어주세요. 아이에게도 사정이 있을 수 있습니다. 아이가 "좀 쉬려고요"라고 답해요. 그런데 아이가 도와줬으면 합니다. 그러면 솔직하게 말하면 됩니다.

소리 내어 읽어보세요.

> "쉬는 데 미안한데, 네 도움이 좀 필요해."

가까운 사이에선 말하지 않아도 알 거라고 착각해요. 알아주지 않으면 섭섭하기도 합니다. 어른들끼리는 그럴 수 있어요. 하지만 아이에게는 그러지 마세요. 아이는 부모가 부모의 자리에 있는 줄 알아요. 부모의 자리에 있어야 할 사람이 갑자기 아이의 자리에서 말하면 아이는 굉장히 당황스러워요. 억울합니다.

그건 엄마가 잘하는 일이 아닐 뿐이야

컴퓨터를 하던 아이가 엄마한테 컴퓨터가 이상하다고 말합니다. 가서 봤더니 오작동 같은데 잘은 모르겠어요. 엄마가 말합니다. "글쎄, 잘 모르겠네. 아빠 오실 때까지 기다려보자. 아빠가 오시면 해결해줄 수 있을 것 같은데?" 이렇게 말했더니 아이가 말합니다. "엄마는 할 수 있는 게 없다는 말이에요?" 아이 말에 기분이 나쁠 수 있어요. 그래도 감정적으로 대응하지 마세요. 그냥 이렇게 말하고 넘어가세요.

소리 내어 읽어보세요.

"아니, 엄마도 할 줄 아는 게 많지.
컴퓨터 고치는 것은
엄마가 잘하는 일이 아닐 뿐이야."

사춘기 아이를 대하는 부모는 눈에 거슬리고 귀에 걸려도 '그냥 넘어가는 능력'을 키워야 합니다. 그래야 내 마음도 덜 시끄럽고 아이의 마음도 나이에 맞게 자랄 수 있어요.

친한 사람이
내 인생에서 중요한 거지

한 초등학생이 물었습니다. "원장님, 저 못생겼지요?" 대중매체의 영향으로 요즘 아이들은 외모에 대한 걱정이 유독 많아요. 솔직하게 대답했습니다. "지나가는 사람이 돌아보면서 '우와, 예쁘게 생겼다' 할 정도는 아니야. 그런데 너 귀여워. 웃는 게 얼마나 예쁜데. 또 착하잖아. 마음씨도 곱잖아. 사람은 내면이 더 중요한 거야. 그리고 사람은 오래 보면 매력을 발견하게 되어 더 예뻐 보여. 친한 사람은 자주 보잖아. 나랑 친한 사람이 내 인생에서 중요한 거지." 아이는 가만히 듣더니 "결국 안 예쁘다는 말이잖아요" 하고 입을 삐죽거리다가 살며시 미소를 지었어요.

한 고등학생은 성형수술을 하고 싶어 했어요. "원장님, 제 코 좀 보세요. 납작코죠?"라고 물었습니다. 제가 대답했어요. "어. 그런데 네 얼굴에 잘 어울려." 아이는 아무래도 코를 세우는 성형수술을 해야겠다고 했어요. 그렇게 해야 마음이 편할 것 같으면 고등학교를 졸업한 다음에 하라고 조언했습니다.

소리 내어 읽어보세요.

> "사람은 오래 보면
> 매력을 발견하게 되어 더 예뻐 보여.
> 나랑 친한 사람이 내 인생에서 중요한 거지."

어쩌다 외모를 예로 들었는데요, 저는 부모가 언제나 아이에게 자연스러운 반응을 하면 좋겠어요. 너무 잘하려고만 애쓰다 보면 매 순간 지나치게 과장됩니다. 자연스럽지 않고 경직되어요. 조언도 위로도 그런 경향이 있어요. 현실과 다르게 무조건 아름답게만 하는 조언은 아이의 마음에 가닿지 않을 수 있습니다. 진심을 담은 자연스러운 조언, 그게 좋아요.

결백은 그냥 내버려둬도 결백

누군가가 나를 오해합니다. 미칠 듯 답답하지요. 그렇지 않다는 것을 증명하고
싶어집니다. 그런데 결백은 증명하지 않아도 돼요. 결백은 그냥 내버려둬도 결
백입니다.

초등학교 3학년 남자아이가 있었어요. 아주 착하고 똑똑한 아이입니다. 그런
데 이 아이는 친구의 놀림에 쉽게 흥분했습니다. 자주 싸우게 되었어요.
한번은 학교 생태학습장에서 같은 반 친구가 벌레 이름을 물었답니다. 이 아이
는 '곤충박사'라고 해도 좋을 만큼 모르는 곤충 이름이 없었어요. 그런데 대답
도 하기 전에 그 친구가 "너 이거 모르지? 모르지? 모르지? 너는 이거 모를 거
야" 하면서 놀렸어요. 아이는 화나서 "알거든!"이라고 발끈했습니다. 친구는
다시 "에이, 모르면서! 모르면서! 모르면서! 뭔지 모르면서!" 하면서 계속 놀려
댔어요. 아이가 화를 낼수록 친구는 "○○이는 이런 것도 모른대요, 모른대요"
하면서 깐족거렸답니다. 아이는 "안다고! 안다니까!" 소리를 지르다가 그 친구
와 싸우게 되었고 결국 선생님한테 혼이 났어요.

제가 아이에게 물어봤어요. "그 친구가 너한테만 그러니?"
아이는 "아니요. 다른 애들한테도 그래요"라고 말했습니다.
"그 친구는 현재 좀 그런 상태네. 그 친구가 오늘, 너를 꼭 놀려주어야겠다고
작정하고 학교에 왔을까?"

아이는 잠깐 생각에 잠긴 듯했습니다.

"그냥 매 상황마다 주변에 있는 아이들을 놀리는 거야. 그럴 때 네가 많이 안다는 것, 그 결백을 증명하려 애쓸 필요는 없어. 증명하려고 들면 그 친구의 놀림을 네가 덥석 무는 거야. 함정에 빠지는 거지. 네가 덥석 물면 그 친구는 '아하' 하면서 더 놀리거든."

아이는 뭔가를 깨달은 듯 "아, 함정요?"라고 물었어요.

"그래, 함정. 그 친구가 '모르지! 모르지!' 하면 그냥 피식 웃고 가면 돼. 계속 그러면 한 번은 강하게 '그만해라'라는 말도 하긴 해야지. 그런 상황을 억지로 참기만 해서는 안 되거든. 하지만 그 친구는 계속 그럴 거야. 그래도 '아, 너는 오늘도 똑같이 또 그러는구나'라고 속으로 생각하면 돼. 입 밖으로 말하지는 마. 그렇게 지나가도 네가 지는 게 아니야. 증명하지 않아도 네가 알고 있는 것은 알고 있는 거야. 모르는 것이 되지는 않아." 이렇게 말해주었습니다.

나의 선함과 결백을 증명하려는 행동 자체가 나쁜 것은 아니에요. 하지만 아이들 중에는 친구들이 놀리면서 실제와 다른 말을 하면 민감하게 반응하는 경우가 있습니다. 보통 모범적이고 똑똑한 아이들, 선량한 아이들이 많이 그래요. 그럴 때 "네가 그렇게 별것도 아닌 것으로 흥분하니까 선생님한테 혼나지?"라고 하면서 아이를 혼내서는 안 돼요. 아이는 부모의 말을 납득하지 못합니다.

"너 결백하잖아. 그 애한테 꼭 증명할 필요 있니? 꼭 밝힐 필요 있니? 결백하면 결백한 거야. 물이 위에서 아래로 흐르듯 결백은 그냥 결백이야." 이렇게 말해주세요.

아이가 "그 애가 자꾸 아니라고 하잖아요?"라고 물을 수 있어요. "그 아이는 현재 그 수준인 거고, 그 아이의 상태가 그런 거야. 엄마가 알아주면 되잖아. 아마 다른 친구들도 대충은 다 알고 있을걸"이라고 말해주세요.

때로는 마음의 결백을 지나치게 증명하고 설득시킬 필요가 없다는 가르침도 아이에게 필요합니다. 어른들도 인간관계에서 나의 마음의 선함, 마음의 결백을 지나치게 밝히려고 들면 문제가 생겨요. 상대가 오해한 것 같은데 그리 큰일이 아니라면 "잘못 알고 계신 것 같아요. 정말 그런 것이 아닙니다" 이렇게 말하고 물 흐르듯 지나가도 됩니다. 아닌 것은 아닌 거니까요. 물 흐르듯 살아도 여전히 나를 오해하는 사람은 있습니다. 그 사람이 오해하지 않도록 내가 애써 결백을 증명할 필요는 없어요. 결백은 증명하든 안 하든 결백이니까요.

그리고요, 아이들한테도 부모의 옳음을 지나치게 증명하려 들 필요도 없습니다. 부모의 말은 대부분 옳을 거예요. 부모의 마음도 선한 의도로 가득할 겁니다. 그것을 증명하기 위해서 너무 길게 잔소리하거나 화내지 마세요. 그 말에 아이가 고개를 크게 끄덕이며 "그렇군요"라며 수긍하지 않아도 옳은 것은 옳은 거예요. 그른 것이 되지는 않습니다.

배가 고파?
엄마를 부르고 싶었어?

말을 잘 못하는 어린아이에게 부모는 어떻게 말해야 할까요? 생후 13개월 아이가 자기 마음대로 안 되면 무슨 일이든 일단 소리를 질러요. 어떻게 해야 할까요?

이 아이에게 소리는 언어예요. 부모가 느끼기에는 무조건 소리부터 지르는 것 같지만 잘 들어보면 그 소리가 상황마다 다 다릅니다. 외마디 소리도 있고 길게 내지르는 소리도 있고 짧게 끊어졌다가 이어지는 소리도 있어요. 일단 아이가 어떤 상황에서 어떤 소리를 내는지를 잘 들어보세요. 그리고 아이의 소리를 상황에 맞는 언어로 바꿔주셔야 합니다.

예를 들어 이유식을 준비하는데, 아이가 배가 고픈지 소리를 지릅니다. 이럴 때 "다 될 때까지 기다려라"라고 말하지 마세요. "준다고 했잖아. 조용히 해. 왜 소리를 질러?"라며 신경질적으로 반응해서도 안 됩니다. 좀 더 서두르면서 이렇게 말해주세요.

소리 내어 읽어보세요.

"아유, 배가 고파?
엄마를 부르고 싶었어?
기다려, 엄마가 주지. 기다려.
지금 간다. 지금 가."

소리를 지르는데 훈육해야 하지 않냐고요? 훈육은 옳고 그름을
알려주는 것이라 "안 돼" "하지 마"라는 말을 많이 할 수밖에
없습니다. 이 말들은 언어 발달상 그리고 정서 발달상 쉽게 받
아들일 수 있는 말이 아니에요. 아이마다 조금 다를 수 있지만
평균적으로 만 3세는 되어야 그 말을 받아들일 수 있습니다. 말

도 잘할 수 있고 말귀도 잘 알아듣는 나이이거든요. 그래서 훈육은 만 3세부터 해야 합니다.

그렇다면 그 이전에는 어떻게 해야 할까요? 부모는 아이에게 언제나 옳고 그른 것을 가르쳐줘야 합니다. 그러니 만 3세 이전 아이에게는 반복해서 짧게 말해주는 정도만 하세요. 길게 말해도 잘 모릅니다.

잘 안 되네,
아이, 속상해

한 엄마는 22개월밖에 안 된 아이가 "아이 씨"라고 욕한다며 걱정했어요. 그 말을 할 때마다 "안 되는 거야"라고 알려줬는데도 아이가 계속한답니다. '22개월에 욕을 하다니.' 엄마는 충격받았어요.

아이는 그런 표현을 그저 어딘가에서 배운 거예요. 기분 나쁘면 "으앙" 하고 울어버리는 아이도 있고 "아아아" 하고 소리 내는 아이도 있어요. 이 아이는 기분이 나쁠 때 어쩌다 배운 "아이 씨"를 했더니 뭔가 후련했던 겁니다. 아이가 언제 그렇게 말하는지 살펴보세요. 무언가가 잘 안 될 때 그런다면 부모가 이렇게 바꿔주세요.

소리 내어 읽어보세요.

> "잘 안 돼?
>   아이, 잘 안 되네. 속상해. 아이, 속상해."

기분이 나쁜 것 같지도 않은데 아이가 이 말을 계속해요. 아이의 말은 '라임'과 같은 말장난일 수도 있어요. 어딘가 운율이 재미있는 겁니다. 그럴 때는 '송알송알' '종달종달' '데구르르' '데굴데굴데굴' 등과 같이 다양한 운율의 표현들을 많이 들려주세요. 사람의 성대를 울려서 나오는 소리는 굉장히 즐겁고 유쾌해요. "아이 씨"도 사실은 그래서 말했던 거예요.

어이쿠, 자야 하는데
잠이 안 오네

생후 18개월 아이가 자기 전에 짜증을 냅니다. 왜 그럴까요?
아이가 어릴수록 대개 각성 조절이 잘되지 않아 짜증을 내요.
피곤하거나 졸리면 그저 누워서 자면 되는데, 각성 조절 능력
이 미숙하기 때문에 오히려 각성 정도가 올라갑니다. 즉, 졸린
것을 이기려고 하면서 더 징징거리고 짜증을 내게 되지요. 이
런 아이들은 각성 상태를 비롯한 신체 컨디션 변화에 영향을
쉽게 받는, 조금은 예민한 아이라고 볼 수 있습니다.

이럴 때 "졸리면 자면 되지, 왜 짜증을 내?"라고 말하는 것은
무의미해요. 일부러 짜증을 내는 것이 아니기 때문이지요. 이
아이들은 무슨 말을 하든 잠이 들려면 일정한 시간이 필요합
니다. 짜증을 부리도록 내버려둬도 그 시간은 돼야 잠이 들고,
"왜 짜증을 내?" "빨리 자!"라고 혼내도 그 시간은 지나야 울며
잠이 들어요. 이럴 때는 아이의 엉덩이를 토닥거리면서 편안한
목소리로 이렇게 말해주세요.

소리 내어 읽어보세요.

> "어이쿠,
> 잠을 자야 하는데 잠이 안 오네.
> 아휴, 잠투정이 심해지네."

아이 등을 쓸어주면서 "꿈나라에서 만나요"라고 말해주는 것
도 좋습니다.

어차피 일정 시간이 지나야 아이의 짜증이 끝난다는 것을 받아
들이세요. 더불어 '아이가 빨리 잠들면 좋겠다'라는 마음을 내
려놓으세요. '왜 애가 이렇게 짜증을 내지?'에 초점을 맞추어
생각하지 말고 '졸려서 그러는구나'라고 생각해주세요.

아이가 내는 짜증은 부모를 향한 것이 아닙니다. 잠자는 상태
로 각성을 조절하는 것이 어려워서 아이 자신에게 내는 짜증이
라는 것을 잊지 마세요.

잠을 자야 하는데
잠이 안 오네

끝까지 해내는구나,
멋지다

칭찬에 대한 이야기를 해볼게요. 아이가 1만큼 칭찬받을 일을 했어도 부모는 100만큼 칭찬해주셔도 됩니다. 다만 "아유 예뻐" "정말 착하네" "역시 최고야"라는 식으로는 칭찬하지 않았으면 해요. 물론 예쁜 옷을 입어서 예쁠 때는 예쁘다고 칭찬해도 돼요. 힘든 친구를 도와줬을 때는 착하다고 칭찬해도 됩니다. 다만, 멋지게 성취해냈을 때 뭉뚱그려 '착하다' '예쁘다' '최고야'라는 식의 모호한 표현으로 칭찬하지 말자는 거예요.

100점을 맞지 않았다고 멋지지 않고 착하지 않은 것은 아닙니다. '최고'라는 말도 나쁜 표현은 아니지만, 뭐 꼭 최고일 필요는 없지 않나요? 부모는 그런 뜻으로 말하지 않았어도 아이는 오해할 수 있습니다. 잘못된 가치관이 생길 수도 있어요.

칭찬은 추상적이기보다 구체적으로 표현하는 것이 좋습니다. 그림을 그릴 때마다 항상 하다 말고 중간에 그만두던 아이가 있었어요. 어느 날 아이가 밑그림을 그리고 색칠까지 다 해냈어요. 이때 "아유, 내 새끼 정말 예쁘다!"라고 칭찬하는 것보다 이렇게 칭찬하는 게 더 낫다는 말입니다.

소리 내어 읽어볼까요?

"이야, 끝까지 잘했어!"
"끝까지 해내는구나, 멋지다!"

오늘 그림 그리면서 재미있었어?

아이에게 많이 칭찬해주려고 하다가도 가끔 이렇게 고민할 때가 있습니다. 부모가 보기에는 잘하지 못한 것 같아요. 그래도 칭찬해야 할까요?

아이가 크레파스로 찍찍 아무렇게나 그림을 그려놓았어요. 부모 A는 "정말 멋지다! 정말 잘했어!"라고 호들갑을 떨면서 칭찬합니다. 부모 B는 "이게 뭐야? 그리려면 제대로 그려야지"라고 객관적으로 말합니다. 누가 봐도 아이가 그림을 별로 잘 그리지 못한 상황, 이때도 아이를 칭찬해줘야 할까요?

결과물에만 집착하면 칭찬도 오류에 빠지기 쉬워요. 아이는 부모의 칭찬으로 내면의 많은 기준을 만들어갑니다. 이럴 때는 "오늘 그림 그리면서 재미있었어?"라고 물어주세요. 아이가 그렇다고 대답하면 환하게 웃으면서 "재미있게 놀았으면 되는 거야"라고 말하고 아이의 머리를 쓰다듬어주시면 됩니다.

소리 내어 읽어보세요.

"오늘 그림 그리면서 재미있었어?"
"재미있게 놀았으면 되는 거야."

그런데 아이가 말해요. "나 좀 못 그린 것 같은데…." 이럴 때 당황하면서 "아니야, 이 정도면 잘 그린 그림이야"라고 둘러대지 않으셔도 됩니다. 다시 아이에게 물어주세요. "너 나중에 화가가 되고 싶어?" 아이가 아니라고 하면 "그럼 됐지 뭐. 잘 그리는 것이 목적이 아니라 그냥 재미있게 그려본 거야. 너를 표현해본 거지. 다음엔 좀 더 마무리하면 그것도 좋긴 하겠다"라는 내용으로 충고해주면 됩니다.

"나, 네 엄마 안 해!"
"너, 이 집에서 나가!"

아이가 말을 너무 안 듣습니다. 아이와 싸우다시피 하다가 홧김에 "나, 네 엄마 안 해. 너 같은 애 정말 못 키우겠다"라고 말해버렸습니다. "너 그렇게 말 안 들을 거면 나가. 이 집에서 나가"라고 말해버렸어요. 부모가 절대 하지 말아야 하는 말입니다.

엄마들은 말해요. "아니, 누가 진짜로 그런대요?" 그건 38세인 엄마 생각이에요. 저는 엄마가 아이를 버리지 않는다는 것을 압니다. 하지만 생후 38개월인 아이는 '내가 잘못 행동해서 엄마가 많이 화났구나'라고 받아들이기보다 '엄마가 나를 정말 버릴 수도 있겠다'라고 생각해요. 부모의 기분에 따라, 자신이 잘하고 못하고에 따라 부모가 바뀔 수 있다는 말은 아이에게 버려지는 것에 대한 엄청난 두려움을 만듭니다.

"나, 네 엄마 안 해"라는 말, 오늘 이 시간부터 절대 하지 마세요. 그 말이 나오려고 하면 이렇게 바꾸어 말하세요. "어휴, 엄마 노릇 하기 참 힘들다."

말은 왜 하면 안 되는지를 알아야 덜 하게 됩니다. 하지만 덜 하다가도 어쩌다가 튀어나오기도 해요. 이때 얼른 수습하세요. "엄마가 화나서 한 말이지, 엄마는 하고 안 하고 할 수 있는 것이 아니야. 그런데 네가 자꾸 이러니까 엄마도 힘들다." 이 정도로 뒷수습하세요. 이 말을 자주 했던 분이라면 아주 많이 연습하세요.

말도 자꾸 연습하면 바뀝니다. 몇백 번 반복하면 몸에 익습니다.

"너 이 집에서 나가!"라는 말도 마찬가지예요. "아빠 노릇 하기 참 힘드네"로 바꾸세요. 집에서 내쫓거나 밥을 굶기는 행동, 절대 하면 안 됩니다. 부모가 이렇게 할 때는 아이가 뭔가 일을 저지른 상황일 거예요. 말을 안 듣든, 뭔가 잘못을 했든 사건이 있었던 겁니다. 자기가 잘못을 저질렀어도 아이는 아이이기 때문에 무척 당황하고 두려워 합니다. 집은 나를 가장 안전하게 보호해주는 공간이에요. 그곳으로부터 내쫓김을 당한다는 것은 부정적인 의미가 지나치게 커요. 굉장한 박탈입니다. 누구의 소유이든 간에, 집은 가족 모두의 공간입니다. 누구도 다른 누구를 내쫓을 수 없어요. 가족 구성원이라면 집에 있는 것은 당연한 권리입니다. 정말 그럴 의도가 아니었다고 해도, 이 권리를 다른 누구도 아닌 부모가 박탈하는 행위 자체는 학대예요. 절대 해서는 안 되는 행동입니다.

부모는 권리가 아니에요. 권력도 아닙니다. 그냥 부모인 거예요. 부모의 역할은 하고 안 하고 하는 식으로 마음먹을 수 있는 것이 아니에요. 조건이 붙으면 안 됩니다. 부모의 상태에 따라 바뀌어도 안 되는 거예요. 아이의 나이에 따라 해야 하는 역할이 달라질 뿐, 부모는 언제까지나 부모여야 합니다.

그때 친구 마음이 그랬나 보네

'친구'는요, 참 좋으면서도 어려운 존재입니다. 어른인 우리에게도 그렇고 어린아이들에게도 그래요.

세 돌이 채 안 된 아이의 엄마가 있었어요. 아이가 어린이집에서 친구에게 놀자고 했다가 거절을 당해 많이 속상해했다고 이야기했어요. 그런 아이에게 어떻게 말해줘야 하는지 궁금하다고 물었습니다.

이 시기 아이는 공감과 배려하는 능력이 발달하지 않았어요. '내가 이렇게 대답하면 친구가 속상하지 않을까?' 이렇게 생각하지 못합니다. 그래서 지금 그 놀이를 하기 싫으면 "싫어", 좋으면 "그래"라고 대답할 수 있어요.

그런데 그 아이는 아무렇지도 않은데 우리 아이는 왜 속상해할까요? 아마도 또래보다 감정발달 속도가 빠르기 때문일 수 있습니다. 이럴 때는 우선 "친구와 놀고 싶었는데 친구가 싫다고 해서 속상했구나"라고 아이의 감정을 먼저 수긍해준 뒤 이렇게 말해주세요.

소리 내어 읽어보세요.

"그런데 그때 그 친구 마음은 그랬나 보다.
다른 놀이를 하고 싶었나 봐.
다시 놀고 싶을 때 또 놀자고 해봐."

에이, 그런 말은 하는 게 아니지

유치원에서 어떤 아이가 소꿉놀이를 할 때도 끼워주지 않고, 다른 아이들한테 자꾸 우리 아이와 놀지 말라고 귓속말을 한다고 하네요. 지난번에도 비슷한 일이 있었어요. 아이에게 뭐라고 말해줘야 할까요?

아이가 엄마와의 관계, 아빠와의 관계 등 양자관계에서 벗어나 집단에서 사회화되는 과정에서 이런 일은 흔하게 발생해요. 인간은 무리 안에서 내 편과 내 편이 아닌 사람을 끊임없이 구별하려는 본능이 있습니다. 적을 골라내야 안전하다고 느끼기 때문입니다. 심지어 누군가를 험담하며 그 험담에 동참하는지 여부로 내 편인지 아닌지를 가리기도 해요. 물론 이런 행동들은 옳지 않습니다. 다만, 아이들 집단에서 이런 현상이 나타나는 것 자체는 어찌 보면 흔하다는 거예요.

중요한 것은 이런 일이 생겼을 때 어른의 대처입니다. 어떤 시각으로 바라보고 어떻게 가르쳐주느냐에 따라 그다음이 달라집니다. 매번 따돌림 비슷한 것을 당하는 아이라면 속상했을 마음부터 충분히 수긍해주세요. 그리고 이 말을 꼭 가르쳐줘야 합니다. 상대가 "너랑 오늘 안 놀아"라고 말하면 "다음에 놀 수 있으면 놀자"라고 대답하라고요. 누가 "우리 쟤랑 놀지 말자"라고 말하면 "에이, 그런 말은 하는 게 아니지. 그러면 다음에 놀든가"라고 받아치도록 연습시켜야 합니다.

소리 내어 읽어보세요.

> "다음에 놀 수 있으면 놀자."
> "에이, 그런 말은 하는 게 아니지.
> 그러면 다음에 놀든가."

이렇게 말해도 자신도 모르게 위축된 아이 마음이 한순간에 해결되지는 않아요. 하지만 이런 말이라도 해야 진정하고 그다음 대처를 생각할 수 있습니다. 이러한 사회적 기술은 어릴수록 잘 습득할 수 있고 앞으로의 사회성 향상에도 큰 도움을 줘요. 인간은요, 다른 사람이 주는 미묘한 감정적인 자극을 잘 버텨내야 합니다. 어느 집단에 가나 나를 싫어하는 사람은 있을 수 있어요. 그들과 친해지려고 애써 노력할 필요는 없습니다. 하지만 누군가가 날 싫어해도 위축되지 않고 잘 버티면서 내가 불편하지 않을 만큼 그 문제를 잘 다뤄내는 능력을 키워야 합니다. 매번 주변 사람이 상황을 제대로 정리해주는 것에 의존해서는 편안할 수 없기 때문이에요.

'누구랑은 놀지 말자'라고
말해서는 안 돼

인간에 대한 최소한의 예의가 있어요. 사람을 공개적으로 망신을 주면 안 됩니다. 어린아이라도 그래요. 아무리 내가 싫은 사람이라도 "나 애 싫어. 우리 앞으로 얘랑 놀지 말자"라고 말하는 것은 공개적인 망신입니다. 이런 행동은 상대방의 영혼에 말할 수 없이 큰 상처를 주므로 절대 하지 않도록 가르쳐야 합니다.

다른 아이를 따돌리는 아이는 기질이 꽤 세고 주도적인 아이일 수 있어요. 이런 아이는 언제나 우두머리가 되어 무리를 이끌고 싶어 합니다. 그렇다 보니 자기가 놀기 싫은 아이가 있으면 무리 속 다른 아이에게 "우리 쟤랑은 놀지 말자"라고 말하기도 해요. 아이가 이렇게 말하고 행동하면 어른들은 보통 "친구가 얼마나 속상하겠니? 사이좋게 같이 놀아야지. ○○이도 좀 끼워줘라"라고 타이릅니다. 그런데 이런 대처로는 상황이 별로 나아지지 않아요.

그 아이에게는 이렇게 말해주는 것이 좋아요. 소리 내어 읽어
보세요.

> "네가 그 친구를 좋아하지 않을 수도 있어.
> 싫은 사람도 있을 수 있거든.
> 같이 안 놀고 싶은 사람도 있어.
> 그 친구랑 안 놀아도 돼.
> 그건 네 마음이니까.
> 그러나 그것을 다른 사람 앞에서
> 말하면 안 되는 거야."

더불어 이렇게도 가르쳐주세요. 소리 내어 읽어보세요.

> "다른 친구들의 마음은 네 마음과 다를 수 있어.
> '우리 ○○이랑 놀지 말자'라고 말하거나
> '너 ○○이랑 놀면 안 돼'라고 말해서는 안 돼.
> 절대 하지 말아야 하는 행동이야."

아이들은 솔직해요. 어떤 아이와 놀고 싶지 않은 마음은 옳고 그른 것을 떠나 그 아이의 마음입니다. 그 자체가 잘못된 것은 아니에요. 무리 중에 마음에 들지 않는 사람도 있기 마련입니다. 문제는 마음이 아니라 행동이에요. 그런 마음이더라도 해도 되는 행동이 있고 하지 말아야 하는 행동이 있습니다. 아이에게 이것을 가르쳐주세요.

많은 사람이 한다고 해서
늘 옳은 것은 아니야

인간은 외부에서 늘 자극을 받습니다. 무언가를 보고 듣고 배우기도 하지요. 그중에는 좋은 것도 있고 나쁜 것도 있을 겁니다. 그것을 막을 순 없어요.

아이가 어린이집에서 혹은 유치원에서 좋지 않은 유행어같이 나쁜 말을 배워 올 때도 있습니다. 이때 혼내기보다 아이와 이야기부터 나눠봐야 해요. 이런 질문들을 한번 따라 해보세요.

> "너는 이 말을 할 때 기분이 어때?"
> "이 말이 무슨 뜻인 줄 아니?"
> "어린이집에서 누가 제일 많이 해?"
> "다른 친구들도 이 말을 많이 따라 해?"
> "선생님은 너희들이 이렇게 말할 때마다
> 뭐라고 하셔?"

아이가 그 표현을 언제, 왜 하는지를 파악해보는 겁니다. 놀이처럼 재미로 하는 거라면 이렇게 말해주세요.

소리 내어 읽어보세요.

> "충분히 재미있었지?
> 이제는 그만. 좋지 않은 말이야.
> 하지 말아야 하는 말이야."

아이가 화나서 그렇게 말했다고 대답할 수 있어요. 이때는 "아이 화나!" "나 진짜 엄청 화났다고!"와 같이 부정적 감정을 표현할 수 있는 다른 말들을 가르쳐주세요.

그런데 그 말을 쓰지 말라고 하면, 아이가 "다른 애들은 다 한단 말이야"라고 따지기도 합니다. 그래도 말해주세요.

소리 내어 읽어볼까요?

> "옳고 그름이 있는 거야.
> 많은 사람이 한다고 해서 늘 옳은 것은 아니란다.
> 이건 안 되는 거야."

집단생활을 시작한 아이는 종종 다른 아이에게서 특정 행동을 배워 옵니다. 그중 나쁜 것도 있을 수 있어요. 그런데 그 행동을 소거하는 것은 아이의 몫입니다. 좋은 것을 제대로 배우는 것도 아이의 몫입니다. 부모의 몫은 아이의 몫을 잘 지도해주는 거예요.

오늘 너희 모두 힘들었겠다

유치원에 다녀온 아이가 이야기한 내용 중에 특정 내용이 마음에 걸립니다. 좀 걱정스럽습니다. 그래도 과잉 반응하면 안 돼요. 부모가 크게 놀라거나 당황하거나 울거나 화내거나 소리를 지르거나 혼내면 아이는 말하는 것 자체를 부담스러워하게 됩니다.

엄마,
오늘 △△가
꼬집었어

저런,
아팠겠구나

303

아이는 어떤 상황에서든 부모의 과잉 반응을 해석하기가 어려워요. 아이가 집에 와서 이야기를 잘하게 하려면, 어떤 이야기든 편안하게 들어주는 것이 중요합니다.

아이가 "엄마, 오늘 △△가 꼬집었어"라고 말합니다. 이때 "어머? 정말이야? 유치원에 전화해서 따져야겠다. 이름이 뭐라고? △△?"라는 식으로 말하면 안 돼요. 이럴 때는 "어디를?" 하면서 아이의 상처를 살펴본 다음에 이렇게 물어주세요.

소리 내어 읽어보세요.

> "저런, 아팠겠구나.
> 그래, 너는 가만히 있었어?"

내 아이도 그 아이를 때리면서 약간의 싸움이 있었을 수도 있습니다. 그래도 아이 말을 중간에 끊고 혼내거나 조언하려고 들지 마세요. 일단 끝까지 들으세요. 그다음, 이렇게 말해주세요.

소리 내어 읽어보세요.

"오늘 너와 △△, 모두 힘들었겠다.
　△△는 △△ 엄마가 걱정할 것이고,
　엄마는 ○○이 엄마니까 네가 제일 소중하지.
　우리 ○○이 힘들었겠네."

그러면서 "그런데 어떻게 된 일이니?"라고 물어주세요. 이렇게
해야 사건의 내막을 파악할 수 있습니다.

친한 친구friend와
같은 반 아이classmate

사회성이 심하게 떨어지지는 않지만 지나치게 내성적인 아이들이 있어요. 선뜻 다른 아이에게 다가가서 어울리지 못하고 활동적으로 놀지도 않습니다. 이런 아이는 반 친구들이 특별히 자신을 괴롭히지 않아도, 적극적으로 아는 척해주지 않고, 챙겨서 끼워주지 않으면 자신을 싫어한다고 느끼며 외로워하기도 해요. "애들이 나를 싫어해, 나를 안 끼워줘." 아이가 이렇게 말할 때 부모 마음은 참 안 좋습니다.

부모가 아이에게 물을 거예요. "친구가 한 명도 없니?" 아이는 자기 반에는 자기랑 말하는 친구가 한 명 정도 있고, 다른 반에도 한 명은 있다고 답할 수 있어요. 부모는 얼른 "그 한 명이랑 놀면 되겠네"라고 말해줄지 모릅니다. 어떤 부모는 '쿨'하게 "친구 없으면 어때? 그냥 너 혼자 놀아. 너 그림 그리는 것 좋아하잖아? 그림 그려. 책 읽어도 되고"라고도 반응합니다. 그런데 이런 말은 친구가 없어 외로움을 느끼는 아이에게 별 도움이 되지 않아요.

저는 이렇게 말해줍니다. "영어로 '같은 반 아이'는 'classmate', 친구는 'friend'라고 해. 분명히 구별되지. 그런데 우리는 '친한 친구'도 '친구', '같은 반 아이'도 '친구'라고 해. 이걸 네가 구별해야 해. 같은 반 아이들은 등교할 때부터 하교할 때까지 싸우지 않고 괴롭지 않게 생활을 같이하면 되는 거야. 네가 궁금한 거 물어보고, 다른 누군가도 네게 무언가 물어보면 대답해줄 수 있을 정도면 돼. 친한 친구는 특별한 사이이기 때문에 만나면 반가워하고 같이 놀지만 같은 반 아이는 사정에 따라 너와 놀지 않기도 해. 친한 친구는 네가 도움이 필요할 때 도와주지만 같은 반 아이는 사정에 따라 못 도와주기도 하지. 소위 '절친'은 누구나 대개 세 명을 넘기가 어려워. 친한 친구는 시간을 들여서 만들어가는 거야. 같은 반 아이들이랑 모두 '절친'처럼 지낼 수는 없단다. 그건 기대하지 마. 그런데 같은 반 아이 사이로 시작해서 친한 친구가 되기도 해." 이렇게 말해주면 의외로 아이들이 굉장히 마음 편안해합니다. 이제야 반 아이들이랑 어떻게 지내야 할지 알 것 같다고 대답하는 아이도 있어요.

같은 반 아이들과 모두 친하게 지내면 좋겠지만 좀 어려운 일이에요. 어느 하루, 학교에서 같은 반 아이하고 신나게 놀았어요. 그 아이와 우리 아이를 '절친'이라고 말할 수 있을까요? 그러기는 좀 어려울 것 같습니다. 어른들도 직장에서 함께 일하는 사람을 '동료'라고 부르지, 그들 모두를 '내 친구'라고 생각하지 않잖아요? 비슷합니다. '같은 반 아이=친한 친구'라고 이해하면, 친한 친구와 있어야 할 교류가 같은 반 아이들과도 있어야 한다고 생각하게 돼요. 그렇게 되면 아이는 쉽게 '난 친구가 없어'라고 느낄 수 있어요.
같은 반 아이가 곧 '절친'은 아니라고 말해주세요. 같은 반 아이와는 다투지 않고 물어볼 것은 물어보며 지낼 수 있으면 잘 지내고 있는 거라고 가르쳐주세요. 부모들도 아이의 같은 반 친구를 그렇게 생각해주세요. 학교 끝나고 같은 반 아이들과 놀게 하려고 지나치게 애쓰지 않아도 됩니다.

상황은 알겠어

큰아이와 작은아이의 싸움에 대한 이야기를 자세히 해볼게요.
예를 들어 여덟 살 형과 여섯 살 동생이 장난감을 두고 싸워요.
동생이 장난감을 가지고 노는데 형이 자기도 갖고 놀자며 내놓
으라고 합니다. 동생이 주지 않자 형이 힘으로 뺏으려 했어요.
안 뺏기려고 버티던 동생은 뺏길 것 같자 장난감을 형 쪽으로
던졌고 그 과정에서 형은 장난감으로 팔을 맞았습니다. 형이
화나서 주먹으로 동생을 때렸어요. 동생은 울음을 터뜨렸습니
다. 두 아이를 어떻게 훈육해야 할까요?

많은 부모가 '누구 편을 들어야 하는가' 혹은 '누구를 혼내야
하는가'를 묻습니다. 그런데 '다둥이 훈육'의 핵심은 첫째, '편
들지 않는 것'입니다. 설사 동생은 잘못이 없어도 형 앞에서 동
생을 편들지 않아야 합니다.

둘째는 '그 자리에서 각각 혼내지 않는 것'입니다. "너희 둘 다
혼나야 해. 형은 동생을 때린 것이 잘못이야. 동생은 형한테 장
난감을 던진 것이 잘못이야"라고 둘 다 혼내면 언뜻 공평해 보

입니다. 하지만 두 아이를 앉혀놓고 시시비비를 가리면 억울함이 생겨요. 그 자리에서 각자에게 상황을 묻기도 하는데 이 또한 좋은 방법이 아닙니다. 서로 상대가 말할 때 "그게 아니고!"를 외치기 때문에 상황을 제대로 파악하기가 오히려 힘들어요. 각각 다른 공간에 따로 데리고 들어가서 상황을 묻고 가르쳐야 합니다.

부모가 모든 상황을 지켜봤어도 두 아이에게 따로따로 물어줘야 해요. 물어보지 않으면 억울해합니다. 한 아이를 먼저 방으로 데리고 들어가면서 나머지 아이에게는 이렇게 말해주세요.

소리 내어 읽어보세요.

> "기다리고 있어. 네 말도 들어줄 거야."

아이가 말도 안 되는 변명을 늘어놓을 수도 있습니다. 그래도 끊지 마세요. "야, 어디서 거짓말이야. 엄마가 다 봤는데!" 하면 또 억울함이 생깁니다. 아이 말에 호응하기 어렵다면 억지로 호응해주지 않아도 돼요. 끝까지 가만히 듣고는 이렇게 말해주세요.

소리 내어 읽어보세요.

"상황은 알겠어."

기다리고 있어
네 말도 들어줄 거야

너도 똑같이
잘못했다는 말은 아니야

훈육 목표는 언제나 한 가지만 정합니다. 큰아이에게 동생을 때린 행동에 대해 훈육하고 싶다면 "어떤 이유에서든 사람을 때리면 안 되는 거야. 하지 마라"라고 가르치세요.

훈육할 것이 많아도 한 상황에 한 가지만 가르칩니다. 동생도 방으로 데리고 들어가 똑같이 "어떻게 된 거니?"라고 물어줍니다. 아이의 말을 다 들은 뒤 "상황은 알겠다. 속은 상할 거야"라고 말해주세요.

동생이 형에게 장난감을 던진 행동을 훈육하고 싶다면 "그런데 던지진 마. 어떤 상황에서든 물건은 던지지 마라. 형하고 있을 때만이 아니라 누구와 있을 때도 마찬가지야" 이렇게 알려주고 끝냅니다. 형이 먼저 싸움을 걸었다며 동생이 따질 수 있어요. 이렇게 말해주세요.

소리 내어 읽어보세요.

> "사람은 누구나 어떤 상황에서든 배워야 해.
> 누구나 고칠 점은 있는 거야.
> 너도 똑같이 잘못했다는 말은 아니야.
> 이런 일을 통해 너도 배우고
> 고쳐나갔으면 하는 거야.
> 그래서 가르쳐주는 거야.
> 그런데 너 많이 속상하기는 했겠다."

아이가 둘 이상일 때 부모가 서열을 강조하는 경우가 간혹 있습니다. 다둥이 육아는 '평등'이 기본이에요. 서로 말을 놓게 하고 뭐든 똑같이 해주라는 것이 아닙니다. 큰아이에게 큰 사람으로서 양보해야 한다고 지나치게 강조하고, 의젓한 역할을 강요하지 말라는 거예요. 작은아이에게 "어디서 감히 형에게 대들어?" 하면서 윗사람에게 복종할 것을 강요하지 말라는 것입니다. 이런 식으로 아이들 사이에 갈등이 생겼을 때 서열을 내세우면 자칫 평생 잊지 못할 억울함을 느끼기도 합니다. 어릴 때는 특히 그래요.

서열을 제대로 가르치려면 음식점에 가서 메뉴를 고를 때, 부모가 맨 먼저 고르고 아이들 차례가 되면 "형 먼저" 하는 식으로, 억울함이 덜할 만한 상황에서 가르치세요.

이야기해주는 것이 고맙기는 한데

다른 아이를 고자질하는 아이에게는 어떻게 말해줘야 할까요? 고자질하는 아이는 다른 아이가 혼나는 모습을 보고 우월감을 느끼기도 하고, 자신과 부모가 한편이라고 생각하며 막강한 동질감을 느끼기도 합니다. 반면, 고자질 당한 아이는 마치 싸움에서 모든 사람이 한편이고 자기만 혼자인 것 같은 외로움을 느낍니다. 자기를 고자질한 아이를 아주 치사하다고 생각하게 됩니다. 그 치사함에 동조하는 부모도 미워집니다.

고자질하는 아이에게 다른 아이를 걱정해서 부모와 의논하는 행동과, 다른 사람의 잘못을 꼬집어 혼나게끔 하는 행동은 분명히 다르다는 것을 가르쳐주세요. 그리고 이렇게 말해주세요.

소리 내어 읽어보세요.

> "네가 이야기해주는 것이 고맙기는 한데,
> 엄마도 늘 관찰하고 있거든.

314

네가 이렇게 이야기하는 것을
형이 알면 오해해서 무척 속상해할 수도 있어.
네 일을 잘해주는 것만으로도
엄마는 정말 고맙단다."

이렇게 말해주며 아이가 고자질하는 빈도를 줄여나가게 하는
것이 좋습니다.

해와 달이 다 소중하듯
너희 둘 다 소중해

두 아이를 키우는데 한 아이의 실력이 유달리 뛰어나요. 다른 아이는 보통입니다. 못하는 것은 아니에요. 이런 상황에 우리는 자꾸 두 아이를 비교합니다. "누나는 잘하는데 너는 왜 이것밖에 못하니?" 실력이 뛰어난 아이와 비교하여 보통인 아이를 깎아내립니다. "넌 이렇게 잘하는데, 오빠가 너만큼 해주면 얼마나 좋겠니?"라는 말처럼 못하는 아이와 비교해서 잘하는 아이를 칭찬합니다.

아이들을 비교하는 말은 정말 좋지 않아요. 아이를 화나게 하고, 분하게 만들며, 부모가 자신을 덜 사랑한다고 생각하게 만듭니다. 칭찬받는 아이는 다른 아이에게 미안한 마음이 들면서 한편으로는 우쭐해져서 자신도 모르게 그 아이를 무시할 수도 있어요. 그러면서 자신도 제대로 못 하면 부모에게 사랑받지 못할까 봐 불안하기도 합니다.

한 아이가 실력이 뛰어난 바람에 상대적으로 못하는 것처럼 보이는 아이는, 충분히 잘하고 있는데도 불필요한 열등감을 느낄

해와 달이 다 소중하듯
너희 둘 다 소중해

수도 있어요. 부모는 뛰어난 아이가 보여주는 행동을 기준으로 삼지 않도록 아주 많이 조심해야 됩니다.

"엄마, 나는 누나보다 못났지?" 보통인 아이가 이렇게 물어보면 어떻게 대답해야 좋을까요? 아이에게 이렇게 되물어주세요. "낮에는 해가 뜨고 밤에는 달이 뜨잖아. 해와 달 중에 뭐가 더 중요할까?" 아이가 나름대로 대답하면 이렇게 설명해주세요. "우리가 살아가는 데 낮의 밝음도 정말 소중하고 밤의 어둠도 정말 소중해. 해는 낮의 해로서 해야 하는 일이 있고, 달은 밤의 달로서 해야 하는 일이 있지. 서로 다르지만 똑같이 중요해. 너희도 해와 달과 같아. 누가 해이고 달인지는 모르겠어. 그런데 해와 달이 다 소중하듯 너희 둘 다 소중해."

소리 내어 읽어볼까요?

> "너희도 해와 달과 같아.
> 서로 다르지만, 똑같이 중요해.
> 해와 달이 다 소중하듯 너희 둘 다 소중해."

각자의 재능과 역할이 각기 다르다는 것을 이런 식으로 이야기해주세요. 아이들이 잘 이해합니다.

엄마는 네가 제일 좋아

다둥이를 키울 때 유용한 처세술(?)을 하나 알려드릴게요. 표현이 좀 그렇지만 '간에 붙었다 쓸개에 붙었다' 하는 겁니다. 큰아이든 작은아이든 단둘이 있을 때는 그 아이에게 굉장히 잘해주면서 이렇게 말해주세요.

소리 내어 읽어보세요.

> **"엄마는 네가 제일 좋아."**

사실 엄마가 가장 사랑하는 사람은 자신이라고 느끼도록 하는 겁니다. 그렇다고 다른 아이를 깎아내리면서 그 아이를 우쭐하게 해줄 필요까지는 없습니다. 그냥 "네가 제일 좋아"라고만 해주세요. 아이가 '사실은 엄마가 나를 제일 사랑한다'는 생각이 들면 다른 아이들에게 미안함을 조금은 느낍니다. 미안한

319

마음을 가지고 서로를 대하면 양보나 배려가 저절로 나오기도 해요. 반대로 '엄마는 형을 더 좋아해'라고 생각이 들면, 다둥이 간 싸움은 자라는 동안 내내 쉽게 끝나지 않습니다.

아이가 어른이 되어서 부모를 회상할 때 '자라면서 형제들한테 항상 미안한 마음이 많았어. 엄마는 우리 중에서 특별히 나를 좋아했거든'이라고 떠올릴 수 있도록 각각의 아이를 그 아이에 맞게 사랑해주세요.

"미안해"를 강요하지 마세요

일곱 살 동생이 놀다가 아홉 살 언니가 쓴 안경을 실수로 쳤어요. 언니는 너무 아파 악을 쓰면서 웁니다. 동생이 얼른 "언니, 미안해"라고 사과합니다. 언니는 대답도 않고 계속 아프다고 울어요. 지켜보던 엄마는 큰아이가 빨리 "괜찮아"라고 말해주었으면 싶습니다. 큰아이가 계속 짜증을 내면서 울고만 있자 엄마가 나서네요. "동생이 사과하잖아. 일부러 한 것도 아니고 놀다 그랬는데, 언니가 돼서 용서해야지"라고 말합니다.

어린이집 4세 반에서, A와 B가 놀다가 B가 울었어요. B가 A에게 장난감을 건네주는데 A가 확 잡아채는 바람에 다쳤거든요. 선생님이 얼른 A에게 가서 말합니다. "친구한테 가서 '미안해'라고 하세요." A는 선생님이 시킨 대로 B에게 가서 "미안해"라고 해요. 그러자 선생님은 B에게 "친구에게 '괜찮다'고 대답해 주세요"라고 말합니다. B는 아직 아프지만 "괜찮아"라고 선생님 말을 따라 말합니다.

아이에게 사과와 용서를 가르치는 것이지요. 옳은 가르침입니다. 교육의 방향은 맞아요. 그런데 사전에 갖춰져야 하는 것을 고려하지 않은 채, 너무나 서둘러 좋은 가치를 강요하는 것만 같아 걱정스럽습니다.
사과와 용서는 감정이 차근차근 무르익어야 가능한 거예요. 타인의 마음을 이해하려면 먼저 나의 마음을 인지해야 합니다. 나의 마음을 인지하는 과정에서 나의 마음을 알아차리고 나의 마음을 스스로 소화하는 과정도 거쳐야 해요. 그 다음에야 '아 그래, 그 사람 입장에서는 그럴 수도 있었겠다'라는 생각이 들면서 타인의 마음을 이해하고, 화해하고 싶은 마음이 생깁니다. 그런 뒤에 할 수 있는 것이 사과와 용서예요.

앞에 등장한 언니도 그래요. 동생의 행동이 실수였고 사과한 것도 압니다. 그래도 아직 마음은 풀리지 않을 수 있어요. 정서의 반응은 생각과 판단, 즉 인지와 언제나 함께 이뤄지지는 않거든요. 안다고 해서 마음이 바로 풀리는 것은 아닙니다. 그 자체를 인정해줘야 해요. 그냥 내버려 두면서 슬쩍 이야기는 해볼 수 있습니다. "그런데 네 동생이 많이 미안해하네." 큰아이가 "그래도 아프다고!"라고 반응하면 "그래, 알았어. 아픈 것이 좀 진정되나 보자"라고 수긍해줘야 해요. 그러다보면 아이가 짜증을 냈다가 화냈다가 아프다고 투덜댔다가 하면서 스스로 마음이 풀립니다. 그 시간을 주어야 해요.

사람마다 감정을 소화하는 속도는 각기 다릅니다. 속도가 늦다고 나쁜 것이 아니에요. 그 시간을 기다려주지 않고 사과나 용서를 강요하면 아이들은 억울합니다. 빨리 받아들이지 않으면 나쁜 사람으로 취급받기 때문이지요.

어린이집에서 A도 일부러 공격적인 행동을 한 것이 아니라면, 두 아이에게 필요한 것은 신속한 화해가 아니라 각각 아이에게 맞는 가르침입니다. 때린 아이에게는 "네가 일부러 때린 것이 아니라는 것은 선생님이 아는데, 다음부터는 살살해. 갑자기 휙 하고 잡아채면 친구도 너도 다칠 수 있어"라고 가르쳐주면 돼요. 우는 아이에게는 "어디 보자. 조금 빨개졌네. 아팠어?" 하면서 "선생님이 A한테 살살하라고 이야기했어. 살살해야 하는 거라고. 그런데 일부러 때린 것은 아닌 것 같아." 이렇게 말해주면 됩니다. 일부러 그런 것이 아닌데 "미안해"라고 말하게 하면 때린 아이도 조금 억울할 수 있어요. 우는 아이도 아직 아프고 괜찮지 않은데 "괜찮아"라고 대답하라고 하면 역시 억울할 수 있습니다. 감정을 강요하는 것은 아이의 정서 발달에 정말 좋지 않습니다.

"미안해" "괜찮아"라는 표현을 서둘러 강요하면 사과와 용서가 상황을 빨리 마무리하기 위한 통과의례가 되어버려요. 마음이 담기지 않은 채로, 배움이 없는 채로 형식적인 것이 되어버릴 수 있습니다.

언제나 아이를 가르쳐야 합니다. 나쁜 짓을 해도, 위험한 짓을 해도, 실수를 해도, 잘못을 해도, 모르는 것이 있어도 가르쳐야 해요. 우리가 아이에게 빨리 사과나 용서를 하라고 강요하는 상황도 그렇습니다.

물론 정말 사과를 시켜야 하는 때도 있어요. 의도적으로 위험한 행동을 했을 때, 공개적으로 다른 아이를 모욕해 망신을 줬을 때, 일부러 폭력적인 행동을 했을 때는 "그러면 안 되는 거야" 하며 가르쳐주고 "친구에게 미안하다고 사과해라"라고 말해야 합니다.

사과와 용서를 하도록 시키는 것이 나쁘다는 것이 아니에요. 인간에게 최고의 가치인데 형식적으로 그치게 두지 말자는 겁니다. 아이가 그것을 가슴 깊이 느껴서 스스로 "내가 정말 미안하다"라고 말할 수 있어야 해요. 용서도 마찬가지입니다. 마음의 정리가 돼서 스스로 "괜찮아"라고 표현할 수 있어야 합니다. 아무리 기다려도 용서하지 않는다면 어쩔 수 없는 일이에요. 그 자체로 인정해줘야 합니다.

부모가 하는 말 한마디 한마디의 중요성이 자꾸 강조되네요.
부담스러우시지요?
아이에게 말하기가 덜컥 두려워질 수도 있습니다.
'이전에 한 말, 지금 하는 말… 괜찮을까?' 걱정도 될 거예요.

괜찮습니다.
다만, '할까 봐'를 달고 있는 수많은 생각들은 조심하세요.
대부분 지나친 걱정일 때가 많습니다.
그런 생각은 우리를 자꾸만 불안하게, 조급하게 만들어요.
지금 보이는 아이의 행동, 큰일 날 일 아닙니다.
오늘이 아이와 보내는 마지막 날도 아니에요.
오늘 내가 하는 말이 아이에게 하는 마지막 말도 아닙니다.
너무 중요하다고 생각하면 말이 너무 무거워져요.
우리의 삶도 무거워집니다.

쇠털같이 많은 날이 남아 있어요.
오늘은 그날 중 아이와 살아갈 날들의 첫날입니다.
아이를 처음 안았던 그날처럼
매일매일이 아이와 만나는 첫날입니다.
한마디 한마디가 아이에게 건네는 첫말입니다.
후회는 접으세요. 걱정도 그만하면 됐어요.
오늘이 첫날인 것처럼 아이에게 말을 건네세요.
그러면 돼요.

Chapter 6

언제나 오늘이
아이에게
말을 건네는 첫날

안아줄게, 꽉 으스러지게

굉장히 소심하고 예민한 만 5세 아이가 있었습니다. 이 아이는 마음을 표현하는 것을 어려워했습니다. 저를 만나면서 감정을 전보다 편히 표현하게 되었습니다.

제가 이 아이를 만날 때마다 하는 말이 있습니다. "○○아, 원장님 안아줘야지." 처음 제가 이렇게 말했을 때 아이는 너무 어색해하며 등을 돌렸어요. 그러면 제가 "○○아, 앞을 보면 원장님이 안아줄게"라고 말했지요. 그러고는 안아주면서 "꽉 으스러지게"라고 표현하면서 정말로 꼭 안아주었습니다.

아이는 처음 몇 번은 어색해하고 힘들어하다가 점차 그렇게 안기는 것을 아주 좋아하게 되었어요. 그래서 저를 보면 달려와 "원장님, 으스러지게"라고 표현하면서 폭 안겼어요. 아이가 살짝 안는 것 같으면 제가 여지없이 말했습니다. "○○아, 원장님이 가르쳐줬잖아. 으스러지게."

소리 내어 읽어보세요.

> "엄마가 안아줄게. 꽉 으스러지게."

아이를 얼마나 자주 안아주시나요? 되도록 자주 안아주세요.
부모의 심장 소리가 아이에게 들리도록, 아이의 심장 소리가
부모에게 느껴지도록 힘껏 안아주세요. 아이가 아주 많이 좋아
집니다.

안아줄게,
꽉 으스러지게

손잡이를 잘 잡아, 그렇지!

아이가 놀이터에서 신나게 미끄럼틀 위로 올라갑니다. 아빠는
아이가 미끄럼틀에서 떨어질까 봐 좀 불안해요. 바닥을 보니
별로 깨끗해 보이지도 않습니다. 아빠가 말해요. "위험해. 발
조심해. 너 떨어지면 쾅 한다!" 아빠는 조심하라는 뜻으로 말
합니다. 그런데 아이는 미끄럼틀보다 아빠의 말이 더 무섭습
니다.

걱정되면 주변에 위험한 것이 있는지 살피고 치워주세요. 할 수
있는 선에서 아이가 안전하게 놀게 하고 아이에게는 이렇게 말
해주는 것이 좋습니다.

소리 내어 읽어보세요.

> "손잡이를 잘 잡아, 그렇지!"

손잡이를 잘 잡아,
그렇지!

아이를 키우면서 '할까 봐'라는 걱정을 정말 많이 합니다. 위험에 대한 경고가 아이에게 필요하지만, 과하면 생활이 불편해져요. '할까 봐'라는 생각은 사랑에서 출발하지만 지나치면 아이가 세상을 편안하게 배워가는 것을 방해할 수 있습니다.

삶에서는 겪을 수밖에 없는 것이 굉장히 많아요. 제거하거나 피할 수 없는 것도 많습니다. 너무 위험하거나 해로운 것은 제거하거나 피하게 해주는 것이 맞아요. 어쩔 수 없는 것은 적절하고 합당하게 처리하는 방법을 가르치면 됩니다.

이야, 이것도 재미있네

아이 셋을 둔 어느 엄마가 물으셨어요. 세 아이가 달려들어서 서로 자기 이야기부터 들어달라고 경쟁적으로 말할 때 어떻게 해야 하느냐고요.

두 가지 상황을 생각해볼 수 있어요. 첫째, 싸움까지는 아니지만 약간의 갈등이 있는 상황이에요. 이럴 때는 이렇게 말해주세요.

소리 내어 읽어보세요.

> "안 내면 진다, 가위바위보!"

아이들이 결과를 순순히 받아들일 수 있는 가장 공평한 방법이에요. 가위바위보 결과대로 각각 데리고 들어가서 이야기를 들어줍니다. 약간의 갈등 상황에서는 각자 하고 싶은 말이 있어요.

한 장소에 모아놓고 한꺼번에 들으면 갈등이 더 심해집니다. 상대방의 말을 듣고 더 억울해질 수 있거든요. 그래서 이렇게 해야 합니다.

두 번째는 서로 재미있는 이야기를 하려는 상황이에요. 이럴 때는 그 자리에서 아이들의 이야기를 한꺼번에 들어도 됩니다. 순서를 정할 필요가 없어요. 부모가 정신 없을 수 있지만 즐겁고 재미있는 이야기라면 딱히 숙지해야 하는 내용이 아니니 분위기에 맞춰 즐겁게 들어주면 돼요. 참, 아이들의 이야기마다 약간씩 맞장구는 꼭 쳐주세요. 이렇게 말이지요.

소리 내어 읽어보세요.

> "저엉말? 그으래애?"
> "이야, 이것도 재미있네."

끝나고 또 재미있게
이야기하자

유치원에 다녀온 아이가 신나게 조잘댑니다. 그런데 엄마는 아이가 해야 할 일이 자꾸 생각나요. 조금 듣다가 "그런데 너 손 씻었어?" "오늘 학습지 선생님 오시는 날이지?"라고 묻습니다. 조잘대던 아이는 김이 팍 새버려요. 어떻게 말해주는 것이 좋을까요?

아이가 말을 재미있게 하고 있는데 일단 손을 씻어야 하는 상황이에요. 아이의 말을 중단시키지 말고 손 씻기를 동시에 하면 됩니다. 아이 말에 계속 맞장구를 쳐주면서 "우리 욕실로 들어가자. 어머, 그랬어? 그랬구나. 정말 재미있네"라고 반응하면서 손을 씻기면 돼요.

동시에 할 수 없는 일이라면 이렇게 말하면 됩니다. 소리 내어 읽어보세요.

"어, 정말 재미있는데
엄마가 잘 기억하고 있을게.
조금 뒤에 학습지 선생님이 오실 거야.
자칫 기다리셔야 할 것 같아.
끝나고 또 재미있게
이야기하자."

동시에 할 수 있는 일은 말하면서 동시에 하게 하고, 그럴 수 없는 일은 아이의 기분을 배려하며 끝난 뒤 다시 이야기하자고 잘 설명해주세요. 아이의 이야기가 길게 의논을 해야 하는 중요한 주제일 때도 빨리 결정을 내릴 수는 없으니까 시간을 둔 뒤에 의논하자고 말해줍니다.

그런데요, 사실 아이의 신변잡기식 이야기는 대개 5분을 넘지 않습니다. 아이가 신나게 말하면 부모는 감정의 색깔과 결을 잘 맞춰서 재미나게 들어주는 것이 맞아요. 혹여 그보다 시간이 조금 더 걸려도 시간과 관심을 할애해서 들어주는 것이 훨씬 더 이익이에요. '이익'이란 나중에 아이의 기억 속에 남겨줄 수 있는 것들을 의미합니다. 부모가 아이를 제대로 이해하고 다룰 수 있는 소중한 자료들을 뜻합니다.

우리는 왜 그러지 못할까요? 중요하게 보는 관점 자체가 아이와 다르기 때문이에요. 나이가 다르기 때문에 다를 수밖에 없습니다. 하지만 정말 중요한 일이 아니라면 무릎을 굽혀서 잠시 아이의 관점으로 봐주세요. 오늘 5분, 10분 정도 늦는 것은 그리 아쉬운 일이 아닙니다. 이때 아이와 부모의 마음의 다리가 조금씩 연결되거든요.

그냥 가도 돼,
나중에 신어

어린이집에 가야 하는데 아이가 양말을 직접 신겠다고 짜증을
내더니 양말과 씨름합니다. 나가야 할 시간은 다가오는데 어떻
게 해야 할까요?

앞에서 배운 대로 "아유, 이게 안 신어져서 짜증이 나는구나.
조금 도와줄까?"라고 말을 건네세요. 아이가 "싫어. 내가 할 거
야"라고 말하면 "그러면 네가 하는데, 여기 시계 봐봐. 시곗바
늘이 여기까지 오면 그냥 나가야 돼"라고 합니다. 아이가 "그
때까지 못 신으면?"이라고 물을 수 있습니다. 이렇게 말해주
세요.

소리 내어 읽어보세요.

> "그럼, 그냥 가도 돼.
> 나중에 신어.
> 양말은 가방 안에 넣어줄게."

이렇게 덧붙여줘도 좋아요. 소리 내어 읽어보세요.

> "네가 신기에 이 양말은 좀 불편한 것 같네.
> 엄마가 다른 양말을 하나 더 넣어줄게.
> 네가 마음에 드는 것을 신어."

이렇게 말해주면 아이에게 '여러 사람이 있는 장소에서는 양말을 신어야 한다'와 '너 스스로 하는 것이 좋은 거야'라는 두 가지 메시지를 전달할 수 있습니다.

살면서 편안하게 배우게 되는 것들이 있어요. 그런 것들을 지금 당장 가르치려고 아이를 무섭게 혼내지 마세요. 아이는 못 배워요.

양말을 꼭 다 신고 신발을 신은 다음에 어린이집에 가야 하는 것도 아닙니다. 부모가 유연하게 대처해도 좋아요. 다양한 방식으로 문제를 풀어갈 수 있습니다. 삶에는 유연성이 필요해요. 좀 편안해져도 괜찮습니다.

발표하는 것을 너무 부끄러워하는 아이

△△(만 4세)는 얼마 전부터 유치원에 다니기 시작했어요. 어느 날 유치원에서 돌아와서는 현관에서 눈물을 뚝뚝 떨어뜨리며 말합니다. 내일 유치원에서 한 사람씩 발표해야 하는데 엄마가 선생님한테 말해서 자기 좀 안 하게 해달라는 거예요. 아이는 부끄러워서 도저히 못하겠다며 서럽게 웁니다.

남들이 자신을 바라보는 것에 대해 주시 불안이 있고 평가에도 예민한 아이들이 있어요. 이 아이들은 사람들이 자신을 쳐다보는 상황에서 무언가 수행하고 평가받아야 하는 것에 굉장한 거부감을 느낍니다. 이럴 때 '그래도 해야 한다'고 너무 몰아붙이지 마세요. 부담감이 심해져 부정적 경험을 하기 쉽고, 부정적 경험을 한 기억 때문에 그것을 극복하기가 더 어려워져요.

"그래, 알았어. 이번에는 네가 정 발표하기 싫으면 안 해도 돼. 대신에 그 수업을 편안한 마음으로 참여하고 다른 아이들이 발표하는 것을 잘 듣고 와. 다른 아이들이 무슨 발표를 했는지 엄마도 궁금하니까 집에 와서 이야기해줘." 이렇게 말해주는 것이 좋아요.

이 정도로 말해주고 그날 수업을 좀 편안하게 받을 수 있게 합니다. 이것이 수업 시간 내내 '오늘 나한테도 발표를 시킬 수도 있어. 시키면 어쩌지?' 하면서 바들바들 떨고, 그 불안에만 몰두하느라 다른 친구들이 어떻게 발표하는지는 못 보고 못 듣는 것보다 더 나아요.

아이가 그날 발표 시간에 보니 어떤 친구는 발표를 이상하게 해요. 아이는 속으로 '쟤는 되게 못하네. 나보다 못하는 애도 있구나'라고 생각합니다. 그런데 그 아이는 아무렇지도 않게 발표하고 앉아요. 아이는 '아, 이렇게도 하는구나' 라고 깨달을 수 있습니다. 또 어떤 친구는 발표를 좀 웃기게 했어요. 앉아 있는 친구들이 킥킥거립니다. 이전까지는 그런 상황에서 웃으면 비웃는 거라고 생각했는데, 사실 △△도 웃음이 나왔어요. 하지만 자기는 그 친구를 비웃는 것이 아니었습니다.

△△가 집에 와서 "엄마, 걔는 있잖아. 거꾸로 말해가지고 아이들이 푸하하 웃었어"라고 말합니다. 그러면 "너는?"이라고 넌지시 물어보세요. 아이가 "나도 웃음이 나오려고 했는데 그 애가 속상할까 봐 안 웃었어"라고 대답할 수 있어요. 다시 아이에게 "웃음이 나오면 그 아이를 무시하는 거야? 그냥 웃긴 거야?"라고 물어봐 줍니다. 아이가 "그냥 웃긴 거지"라고 답해요. "다른 친구들도 그래. 네가 실수할 때 웃는 것이 곧 너를 비웃는 건 아니야." 이렇게 가르쳐주면 됩니다. 아이가 이런 것들을 편안한 마음으로 경험해봐야 해요. 그래야 비슷한 상황을 겪어낼 수 있는 능력을 습득합니다.

아이가 힘들어하고 싫어하는 것을 매번 빼주라는 것은 아니에요. 단지 '그날' '당장' 꼭 해야 한다고만 생각하지 말라는 겁니다. 우리의 육아는 너무 비장해요. 부모가 매 순간 너무 비장하면 아이는 편안히 배울 수가 없습니다. 육아는 길게 봐야 해요. 꼭 오늘 발표하지 않아도 됩니다. 오늘 당장 발표하게 하는 것보다 약간 덜 긴장하고 덜 불안한 상황에서 다른 친구들이 하는 것을 보고 그 상황을 편안하게 배우는 것이 더 중요해요. 그 시간이 편안해야 다음번 비슷한 상황에서 조금 더 잘 겪어나갑니다. 그럴 수 있는 기회를 주라는 거예요.

발표를 안 해도 "그 시간에 잘 참여하고 다른 아이들이 발표하는 것을 잘 들어봐"라고 말하는 것은 아이를 그 상황의 주인으로 만들어주는 거예요. 시킬까 봐 바들바들 떨고만 있는 것이 아니라 다른 아이들이 하는 것을 보고 들으면서, 아이는 비슷한 상황에서 약간이라도 더 주도적이게 됩니다. 사람은 주도적일 때 그 상황을 덜 두려워하게 돼요. 다음번에는 그런 상황을 겪어낼 힘이 생깁니다.

물론 아이에게 방향을 제시해줘야 해요. "너도 알잖아. 매번 피할 수만은 없어. 준비가 다 되지 않은 채로 발표해야 할 때도 있고, 좀 잘 못해낼 때도 있어. 우리는 그런 상황을 많이 겪기 때문에 그 정도 해내는 것도 경험할 수밖에 없어. 잘하지 못해도 발표해야 할 때도 있고. 그런 거야." 또 "굉장히 중요한 발표는 조금 연습해서 가는 것이 맞긴 해. 하지만 틀려보는 것도 좋은 경험이야"라는 말도 해줍니다.

'혹시 이렇게 말했다가 아이가 매번 힘들 때마다 무작정 안 하려고 하면 어쩌나' '힘든 것은 절대 극복하지 못하면 어쩌나' '남들은 다 하는데 혼자만 못 하면 어쩌나' 이렇게 걱정한 것 알아요. 그런데 부모들도 어린 시절 정말 어려워하던 무언가가 시간이 지나며 좋아졌던 경험, 하나쯤은 있지 않나요?

남들은 다 하는 발표를 안 하는 것이 괜찮다는 것이 아니에요. 어린아이니까 불안감이나 긴장감을 완화하는 과정이 필요하다는 이야기입니다. 거부감을 느끼는 상황을 진정으로 극복하는 방법은 "무조건 해야 돼, 안 하면 큰일 나"가 아니에요. 그것을 편안하게 경험한 기억이에요. 아이가 거부감을 느끼는 상황을 긍정적으로 경험해봐야 제대로 배울 수 있다는 것, 잊지 말았으면 좋겠습니다.

편하게 그냥 해봐

어느 엄마가 말했어요. "원장님, 우리 아이 큰일 났어요. 공부를 너무 못해요." 제가 물었지요. "아이가 나쁜 짓을 하나요?" 엄마는 "아니요"라고 대답했어요. 다시 물었어요. "아이가 학교는 잘 갑니까?" 엄마는 "네"라고 답했어요. "아이가 급식을 잘 먹나요?" 엄마는 다시 "네"라고 말했어요. "선생님이 아이에 대해서 뭐라고 이야기하나요?" 엄마는 조금 밝은 목소리로 "친구들하고 잘 어울린대요"라고 대답했어요. 저는 또 물었습니다. "아이가 학원은 빠지지 않고 잘 다니나요?" 엄마는 재차 "네"라고 답했지요. 저는 "그러면 아이는 공부를 잘하고 있는 겁니다"라고 말해주었습니다.

부모는 아이를 정말 사랑하고 정말 잘 키우고 싶어요. 하지만 '잘'을 잘못 해석하면 아이를 굉장히 혹독하게 대할 수가 있어요. '잘'은 기준이 항상 너무 높습니다. 그 기준에 맞지 않으면 아이가 무언가 열심히 해도, 즐겁게 해도, 성실하게 해도 잘한 것이 아닌 게 됩니다. 줄넘기도, 피아노도, 그림도 결과가 좋지 않으면 잘한 것이 아니에요. 그러면 아이들은 불행하다고 느끼게 됩니다.
저는 아이들에게 '잘'이라는 표현을 거의 쓰지 않아요. "잘해"라고 하지 않고 "편하게 그냥 해봐"라고 말해줍니다.

소리 내어 읽어보세요.

> "편하게 그냥 해봐."

우리도 그래요. '잘'을 잘못 해석하면 육아가 너무 힘들어져요. 아이가 골고루 먹어야, 키가 커야, 성적이 좋아야, 좋은 대학에 가야 잘 키우는 것이 아닙니다. 아이를 잘 키운다는 것은 마음이 편안한 아이로 키우는 거예요. 잘 산다는 것도 마찬가지입니다. 꼭 '잘'해야만 할까요? '그냥' 해도 '좀' 해도 괜찮아요.

미워한 것이 아니라
창피했던 거야

중학교 1학년 아이가 영어 선생님에게 잔뜩 화나 있었어요. 그 이유인 즉슨, 교과서 내용이 잘못된 것 같아서 손을 들고 말씀 드렸대요. 그랬더니 "너는 왜 이렇게 말대꾸를 많이 하냐?"라 면서 그냥 교과서대로 하라고 혼냈답니다. 그 이후로는 수업 시간마다 자기만 발표를 시키는 등 선생님이 자기를 미워하는 것이 틀림없다며 억울해했습니다.

저는 아이에게 지식이나 이론은 밝혀진 데까지는 답이 있는 것 이기 때문에, 정답은 정답이고 오답은 오답이라고 말해줬어요. 아이는 반가워하며 그러면 자기가 맞고 선생님은 틀린 거냐고 물었습니다. 저는 "맞아. 선생님이 틀렸어. 그런데 여기서 핵심 은 선생님이 창피했다는 거지. 선생님은 틀렸다는 것을 모른 게 아니라 창피했던 거야"라고 말해줬어요. 아이는 갸우뚱하며 "그래요? 틀린 건 틀렸다고 말하면 되잖아요"라고 물었습니다. 저는 아이에게 "틀린 것은 틀렸다고 말해야 하는데 뭐, 사람마 다 좀 달라. 그럴 수 있는 사람은 그릇이 큰 거야. 나이가 들었

343

다고 해서 꼭 어떤 면에서의 그릇이 다 크진 않아. 어떤 사람은 창피할 때 화를 더 내고 마구 우기기도 해. 너희 선생님은 너를 미워한 것이 아니라 창피해서 그런 것 같아." 이렇게 말해주었더니 아이의 마음이 한결 누그러졌습니다.

소리 내어 읽어보세요.

> "틀린 것은 틀렸다고 말해야 하는데,
> 사람마다 좀 달라.
> 그럴 수 있는 사람은 그릇이 큰 거야."
> "선생님은 너를 미워한 것이 아니라
> 창피해서 그런 것 같아."

청소년기에는 이런 일이 종종 벌어집니다. 저는 이럴 때 아이에게 "학생이 선생님께 그러면 되니?"라고 나무라지 않아요. 아이 말이 맞거든요. 마지막에 이런 말을 덧붙여주기는 합니다.
"그런데 있잖아. 다음부터는 수업이 끝나고 조용히 따로 가서 말하는 것이 좋긴 하겠어. 그렇게 말씀드렸는데도 선생님이 기분 나빠하면 그땐 어쩔 수 없는 거야. 선생님이 속이 좁은 거지. 너는 그 정도 하면 된 거야."

Chapter 6
113

나도 좀 더 노력해야겠다

아이의 자존감을 높이기 위해서는 아이가 부모를 이겨봐야 합니다. 부모를 무시하고 이겨먹어야 한다는 뜻이 아니에요. 아이가 부모에게 자신의 타당함과 정당함을 순순히 인정받는 경험을 해봐야 한다는 겁니다.

부모가 훈육하는데 아이가 "엄마도 그러잖아요" 내지는 "아빠라고 매번 잘 지키지 않잖아요"라고 대꾸합니다. 이럴 때는 "맞아, 나도 못 지킬 때가 있구나. 나도 좀 그런 면이 있어. 그만큼 이것이 좀 어려운가 보다. 그런데 이것은 중요한 거야. 너를 가르쳐야 하니 나도 좀 더 노력해야겠다"라고 말해주었으면 좋겠습니다.

소리 내어 읽어보세요.

> "맞아, 나도 그럴 때가 있어.
> 그런데 이것은 중요한 거야.

345

너를 가르쳐야 하니
나도 좀 더 노력해야겠다."

부모가 아이에게 "이것은 아빠가 잘못 생각한 것 같네. 네 말이 맞아"라는 식으로 자신이 타당하지 않았음을 아이 앞에서 편하게 인정해야 아이가 부모를 딛고 올라가요. 이런 모습을 잘 보여줘야 아이가 부모보다 큰 사람이 됩니다.

우리는 아이를 사랑하기 때문에 항상 올바른 것을 가르쳐주고 싶어 해요. 그러나 올바른 것을 가르쳐주는 과정에서 언제나 싸워요. 아이가 잘못했다는 것을 끝까지 인정하게 하려 듭니다. 그래서 끝은 언제나 "그러니까 내 말이 맞지"로 끝나요. 부모가 이기고 끝나는 거예요. 항상 부모가 이기고 끝나는 싸움에서 아이는 가르침을 받기 어렵습니다. 그 싸움에서 아이의 자존감은 높아지기 어렵습니다.

어떤 상황에서도
너는 괜찮은 사람이야

아이가 친구 때문에 속상해합니다. 부모의 위로나 조언이 필요한 순간이지요. 많은 부모들은 아이가 너무 상처를 받을까 봐, 기가 죽을까 봐, 실망할까 봐 지레 겁을 먹고 그 감정을 외면해버리거나, 빨리 해결해버리려고 합니다. "괜찮아. 괜찮아. 그 아이가 나쁜 애야. 잊어버려. 우리, 기분도 꿀꿀한데 피자나 시켜 먹을까?" 하는 식이지요.

그런데 이렇게 말하는 이유를 들여다보면 아이가 힘들어할 때 부모 본인에게 생기는 감정을 잘 다루지 못하는 측면 때문일 가능성이 커요. 아이가 불편한 감정을 빨리 털어내고 얼른 방긋 웃기를 바라는 것은 사실 부모 본인의 마음이 편하기 위해서이기도 합니다.

아이의 감정발달을 도우려면 어떤 종류의 감정이든 아이가 그 감정을 충분히 경험한 다음 처리하거나 해결하는 방법을 배우도록 도와야 해요. 그러려면 아이가 감정을 견딜 시간을 주어야 합니다.

아이가 자신과 안 맞는 친구 때문에 괴로워합니다. "그 사람도 알고보면 좋은 사람일 거야" 또는 "그 아이가 잘 몰라서 그렇지, 조금만 더 지나면 네가 얼마나 좋은 사람인지 알게 될 거야"라는 말은 아이 마음에 와닿지 않습니다. 그보다 "여러 사람이 있는 집단에는 좋지 않은 사람도 있어. 물론 아주 많진 않은데 그럴 수 있다는 것을 알고 있어야 해. 그러나 어떤 상황에서도 너는 괜찮은 사람이야. 집단 안에서 너랑 정말 안 맞고 좋지 않은 사람도 있을 수 있는데 그 사람의 기준에 너무 좌우되진 마라"라고 이야기해주는 편이 낫습니다.

소리 내어 읽어보세요.

> "집단 안에는 정말 너랑 안 맞고
> 좋지 않은 사람도 있을 수 있다는 것을
> 알고 있어야 해.
> 그러나 어떤 상황에서도 너는 괜찮은 사람이야.
> 그 사람의 기준에 너무 좌우되진 마라."

친구의 모진 말에 아이가 상처받았다면, 이렇게 말해줄 수도 있습니다.

소리 내어 읽어보세요.

"친구가 언제나 옳은 것은 아니야.
그 친구가 한 말이 옳은지 잘 생각해봐.
아닌 것 같으면 영향을 받을 필요 없는 거야.
물론 기분은 나쁘지.
그러나 이 세상에는
옳지 않은 말을 하는 사람이 참 많거든."

어떤 일을 할 때 행복할 것 같니?

얼마 전 상담받던 중학교 2학년 아이에게 꿈을 물었어요. 아이는 꿈이 없다고 했습니다. 기록을 보니 초등학교 저학년 때 아이의 꿈은 과학자였더군요. "너 어릴 때는 꿈이 과학자였잖아. 왜 꿈이 없어졌어?"라고 물었더니 아이는 "저, 공부 못해요. 성적이 너무 나빠요"라고 대답했습니다.

꿈은 직업이 아니에요. 그렇게 여기면 아이가 너무 일찍 한계에 부딪힙니다. 여러 아이들이 꿈 때문에 무기력해져요.

아이에게 꿈을 물을 때는 이렇게 말해주세요. 소리 내어 읽어보세요.

> "네가 어떤 일을 할 때 행복할 것 같니?"
> "네가 어떤 일을 하면 잘할 수 있을 것 같니?"

어떤 일을 할 때
행복할 것 같니?

저는 꿈이 없다는 아이에게 이렇게 말해줍니다.

"꼭 대단한 인물이 돼야 하는 것은 아니야. 누구나 세종대왕이나 이순신이 될 필요는 없어. 그들은 5,000년에 한두 명 나올까 말까 한 사람이야. 꿈이라는 것은 내가 보람 있고 가치 있다고 느끼는 일, 그 일이 속한 영역까지만 생각해두면 되는 거야. 특정 직업을 정해야 하는 건 아니야."

아이가 꿈을 찾는 것을 도울 때는 반드시 과녁의 정중앙에 자신을 두게 해야 해요. '나는 어떤 장단점이 있는가?' '어떤 일을 할 때 보람과 행복을 더 느끼는가?' '어떤 일이 유독 싫고 힘든가?'를 생각해보게 하세요. 이타적인 부분도 고려해야 합니다. 내가 속한 이웃 내지는 사회, 국가, 인류에 기여할 수 있는 방법이 무엇일지도 생각해보게 하세요. 이타적인 면이 조금이라도 있어야 그 꿈을 이루고자 하는 마음이 강해집니다.

그런데요, 꿈이란 것에는 우회하는 방법이 늘 있어요. 우리도 옛날의 꿈과 100퍼센트 같진 않아도 유사한 일을 하면서 보람과 행복을 느끼며 살지 않나요? 아이의 꿈도 그래요. 꿈은 인생의 나침반이나 등대 같은 거예요. 절대적인 것은 없어요. 그저 그 방향으로 가면 됩니다.

자기 주도성과 똥고집

소위 '청개구리'처럼 보이는 아이들이 있어요. 하라고 하면 안 한다고 고집을 부리다가, 하지 말라고 하면 그제야 하겠다고 온갖 짜증을 냅니다. 이 아이들은 도대체 왜 그럴까요?

청개구리 같은 특성을 지닌 아이들을 잘 살펴보면, 지나치게 자기 주도적입니다. 자기가 모든 것의 주인공이 되지 않으면 견디지를 못해요. 아니, '주인공'이라는 표현은 적절하지 않은 것 같습니다. 주인공이 되고 싶은 것이 아니라 남의 것을 받아들이면 그것이 자신을 헤집을까 봐 불안한 것이거든요.

이 아이들의 '주도성'은 사실 '지나친 불안' 때문입니다. 아이는 자신이 제안하고 진행하고 결정한 것만 받아들여야 마음이 편안해요. 밖에서 오는 자극이 두렵습니다. 그래서 자신이 한 것만 고수하려는 거예요. 그렇게 해야 안전하다고 느낍니다.

안타까운 것은 어른 눈에는 아이의 모습이 그저 심각한 고집쟁이로만 보인다는 점이에요. 그래서 처음에는 아이를 설득하다가 끝내는 이해하기가 어려워 "어우, 이 고집불통! 너 진짜 이상한 애다. 내가 너랑 다시는 노나 봐라" 하는 식으로 됩니다. 그런데 이렇게 끝이 나면, 아이의 마음은 더 불안해져요. 매번 모든 일이 이런 식으로 끝나면 아이는 필요한 도움을 제때 청하지 못하고 남의 충고도 좀처럼 받아들이지 못해 진짜 고집불통으로 자랄 수 있습니다.

이런 아이들은 변덕스러워 보여도 편안하게 대해줘야 해요. 그래서 '아, 그렇게 하지 않아도 나는 안전하구나'라고 느끼게 해줘야 합니다. 아이가 처음 고집을 피울 때는 "엄마 말도 들어봐. 괜찮을 때도 많거든. 한번 해보지 않을래?"라는 정도로 말해줍니다. 그래도 아이가 계속 싫다고 하면 흔쾌히 고개를 끄덕여주세요. "그래. 알았어. 억지로 시키진 않아. 조금이라도 생각이 바뀌면 언제든지 말하렴." 이 정도로 말해두세요. 그래야 아이가 '다음'에 할 때 편안한 마음으로 해볼 수 있습니다.

아이가 안 한다고 고집을 피우다가 다시 하겠다고 할 때도 선뜻 "그래, 네 생각대로 한번 해봐"라고 말해줘야 해요. "아까 하라고 할 때 안 했으니까 안 돼"라거나 "넌 꼭 하라고 할 때 안 하고 나중에 하더라" 하는 식으로 비난하면 안 됩니다.

부모들은 종종 "너 그때도 그랬잖아?"라면서 과거 일을 끄집어내서 아이를 혼낼 때가 있어요. 따끔하게 교훈을 전하려는 의도인 것은 알지만, 아이는 이럴 때 부모가 자신을 비하하는 것으로밖에 느끼지 않습니다. 몇 시간 전에 일어난 일, 몇 분 전에 일어난 일이라도 그래요. 아이의 잘못을 나열하는 방식으로 가르치려는 말은 삼가야 합니다.

항상 '결국 아이가 했다'는 사실에 초점을 맞춰야 해요. "우와, 잘하네. 혼자서도 잘하는구나. 다음에는 엄마가 하라는 대로도 한번 해보자." 이렇게 기분 좋게 끝내야 합니다. 많은 부모들이 이렇게 끝내지 못하고 결국 화내고 마는 이유는, 부모 자신이 아이의 그 꼴을 견딜 수 없기 때문입니다.

'청개구리'라는 말을 듣는 초등학생 아이가 상담을 오면, 저는 이런 이야기를 해줍니다. "뭔가를 스스로 하려고 하는 것은 멋진 일이야. '자기 주도성'이라고 그런 것을 가리키는 용어도 있어." 보통 이렇게 말해주면 아이들은 눈이 동그래져서 "그래요?"라고 되물어요. "그래, 자기 주도성. 너도 좀 들어봤지? 자기 주도성은 멋진 거야. 자기 일에서 주인공이 되어 스스로 결정하고 해보면서 책임을 지는 거거든. 그런데 너는 아마 네가 직접 안 하면 마음이 불편해져서 그렇게 행동하는 면도 있을걸." 그러면 아이들이 약간 인정합니다. "그것도 나쁜 것은 아니야. 그런데 심하면 '고집'이 돼. 너무 심하면 앞에 글자가 하나 더 붙지. '똥' '고' '집'!" 이렇게 설명해주면 아이들이 "푸하하하" 하고 웃음을 터뜨려요. 어떤 아이는 편안해져서 "우리 엄마가 맨날 저보고 똥고집이라고 하는데"라고 털어놓기도 합니다. "뭐든 적당해야 좋은 거야. 그런데 너는 좀 안 적당한 거지. 주도성은 원래 좋은 거야. 네가 잘하는데, 자꾸 똥고집 쪽으로 가지 않도록 해야 돼"라고 조언해줍니다. 이렇게 설명하면 아이들은 의외로 잘 받아들여요.

아이를 가르칠 때 적당히 위트를 섞어가면서 진실되게 이야기해주세요. 아이의 흥분도, 화도, 불안도 툭 가라앉아요. 아이는 편안할 때 무엇이든 잘 받아들입니다.

할 수 없지,
있는 것 가지고 놀아야지

"에이, 이거 없어서 맞출 수가 없잖아." 한 아이가 블록 더미를 헤집으며 짜증을 냈어요. 병원 놀이실에선 여러 아이가 놀다 보니 작은 블록 조각이 종종 없어지곤 합니다. 아이가 찾는 조각은 사람 머리 모양 블록이었어요.

제가 가만히 물었습니다. "저런, 이것만 따로는 안 파니?" 아이는 버럭 화내며 "안 판다고요! 새로 좀 사다 놓으세요!"라고 말했어요. 아이에게 "그럼, 다른 블록은 있어?" 다시 물었습니다. 아이는 귀찮은 듯 다시 블록 더미를 헤집으며 "아, 있긴 있는데 이건 또 팔이 없네"라고 말했어요. "그렇구나, 그럼 이것에 저 머리만 한번 끼워보자"라고 제안하니 아이는 "아" 하고 짧은 한숨을 쉬었습니다.

아이에게 말해주었습니다. "어쩔 수 없지, 다른 것이 많으니까 있는 것을 어떻게든 가지고 놀아야지. 그거 하나 때문에 또 살 수는 없는 거니까." 아이는 체념한 듯 제짝이 아닌 머리와 몸통을 끼웠습니다.

이렇게 편안하게 말해주면 대부분의 아이들은 한숨을 한 번 쉬고는 "그럴게요" 하면서 넘어가요. 집에서도 비슷한 일이 자주 있을 겁니다. 이럴 때는 "찾아보자. 집 어딘가에 있을 거야" 하고 함께 찾아봐 주기는 해야 해요. 그래도 없다면 이렇게 말해주어야 합니다.

소리 내어 읽어보세요.

> "할 수 없지. 있는 것 가지고 놀아야지."

체념도 가르쳐야 해요. 사람은 체념할 줄도 알아야 합니다. 체념은 포기가 아니에요. '원하는 것이 안 될 수도 있구나'를 배우는 것입니다. 체념해야 상태를 받아들일 수 있어요. 그래야 그다음 발전이 가능합니다. 이때 주의할 점은 부모가 아이 탓을 하며 짜증을 내거나 혼내지 않는 거예요.

급한 일이니?

어른들끼리 대화하는 것을 조금도 참지 못하고 잠시도 기다리지 못하는 아이들이 있어요. 이런 아이들에게는 어떻게 말해줘야 할까요? "잠깐 기다려. 어른들이 이야기할 때는 잠깐 기다리는 거야"라고 말해줘야 합니다.

물론 아이에게 "급한 일이니?"라고 물어야 합니다. 대부분 아이들은 급하다고 말해요. 일단 아이 이야기를 들어보고 급한 일인지 아닌지는 부모가 판단하세요. 급한 일이 아니라고 판단했으면 "좀 기다려. 엄마 아빠가 이거 빨리 이야기해야 하니까, 기다려라"라고 말해줘야 합니다.

소리 내어 읽어보세요.

> "급한 일이니?"

이렇게 물어도 아이가 "아빠, 아빠" 부르며 소리를 지르고 짜증 낼 수도 있어요. 이야기가 끝날 때까지 아이에게 반응하지 않아야 합니다. 반복해서 "기다리라고 했지"라고도, 화를 내면서 "좀 조용히 해"라고도 말할 필요 없어요. 무섭게 "어허!"라고도 하지 마세요. 그것도 아이에게 반응해주는 겁니다. 그저 "기다려"라고 말하고는 부모의 마음이 많이 불편해져도 아이의 갖가지 반응을 잘 견뎌야 해요.

어른들의 이야기가 다 끝났어요. 이제 아이에게 "자, 이제 이야기해봐"라고 말해보세요. 이렇게 하면 아이는 일의 우선순위를 배울 수 있어요. '아, 상황마다 더 급하고 더 중요한 일이 있구나. 더 중요하고 더 급한 일을 먼저 처리하는 것이지, 나를 소중하게 대하지 않은 것은 아니구나'를 깨닫게 됩니다.

부모는 아이를 항상 최우선으로 대해야 해요. 이 말은 아이를 가장 소중하게 대하라는 뜻이지, 언제나 아이를 '첫 번째 순서'로 대하라는 의미는 아닙니다.

그냥 두는 것이 도움된대요

부끄러우면 얼굴을 찡그리는 아이가 있어요. 오랜만에 할머니
댁에 간 아이는 할아버지, 할머니 앞에서 그런 표정을 짓습니
다. 이때 아이는 '싫어요'가 아니라 '어색해 죽겠네'라는 마음
입니다. 하지만 어르신들은 아이의 표정을 보고 조금 언짢아
하실 수 있습니다. 이때 부모가 살짝 나서주세요.
"아, 네가 어색하면 좀 그렇지. 할머니, 할아버지
를 오래간만에 뵈어서 좀 어색하구나. 사실 얘
가 할머니, 할아버지를 무척 보고 싶어 했어요."
아이는 부모의 말에 더 창피해져서 "내가
언제! 내가 언제 그랬어!"라고 반응하
기도 합니다. 그래도 흔들리지 말고,
"되게 보고 싶어 하며 오늘을 기다렸는

데요, 얘가 부끄럼이 많아서 어색하면 좀 이래요. 시간이 지나면 좀 덜해져요"라고 말해주세요. 할머니와 할아버지가 "어우 얘, 섭섭하다"라고 말씀하실 수도 있습니다. 그러면 이렇게 말해주세요.

소리 내어 읽어보세요.

> "부끄러워할 때는 그냥 두는 것이
> 마음을 진정하는 데 도움된대요.
> 조금만 기다려주세요."

이 말은 어르신들께 전달되는 동시에 아이에게도 전달됩니다. 아이는 자기 마음을 잘 알아준 부모에게 굉장히 고마워해요. 하지만 계속 이렇게 둘 수만은 없습니다. 집에 돌아와서는 아이에게 이런 말을 해주세요.

"네가 많이 불편해서 그러는 거 엄마가 잘 아는데, 지금은 어려워도 크면서 좀 덜해지긴 해야 돼. 엄마, 아빠하고만 살 거는 아니잖아. 너는 어색해서 찡그리지만, 사람들은 자기를 싫어한다고도 오해할 수도 있거든. 당장은 아니어도 사람들이 쉽게 이해하는 방식으로 너의 마음을 표현하도록 노력해야 돼."

내일부터는 잘 챙겨

얼마 전부터 안경을 쓰기 시작한 아이가 안경을 집에 놓고 학교에 갔어요. 칠판 글씨가 보이지 않을까 봐 걱정돼서 엄마가 안경을 가지고 학교까지 뛰어갔습니다. 다행히 아이가 학교에 들어가기 전에 만나 안경을 전해주었어요. 아이에게 안경을 건네주면서 뭐라고 말할까요?

소리 내어 읽어보세요.

> "안 보일 것 같아서 가져왔어.
> 내일부터는 잘 챙겨."

이렇게만 말하고 돌아오면 됩니다. 안경을 깜박하고 안 가져간 일, 일상에서 얼마나 사소한 일인가요? 그 건은 그렇게 끝내세요. 다시는 언급하지 않아도 됩니다.

362

그런데 작은 일을 어마어마한 일처럼 다루는 분도 있어요. 아침 등굣길에 혼내고, 집에 오면 또 잔소리합니다. 그리고 매일 아침 '안경 타령'을 합니다. 그러지 마세요. 소소한 일은 소소하게 다루세요.

소소한 것을 소소하게 다루면 아이가 바뀔까요? 안 바뀌기도 합니다. 그러나 먼 훗날 바뀌게 하려면 이게 더 좋은 방법이에요.

아이가 양치를 안 하고 잤어요. 손을 씻지 않고 쿠키를 집어 먹었어요. 지극히 소소한 일입니다. 소소한 일을 내버려 두라는 것은 아니에요. 소소한 크기에 맞게 소소한 정도로 다루자는 뜻이에요.

지금은 엄마가
대화할 준비가 안 된 것 같네

훈육할 때 아이가 화난 모습을 보고 부모 또한 화날 때가 있어
요. 어떻게 해야 할까요?

우선 내가 화났다는 사실부터 인정해야 합니다. 인정하는 것으
로 끝나면 안 돼요. 아이는 나름의 입장에서 그럴 수 있습니다.
그런데 나는 왜 그 모습을 보면서 화나는 것일까요? 그 이유를
생각해보아야 합니다.

화난 상태에서는 아이에게 말을 해서는 안 됩니다. 마음을 좀
가라앉히세요. 15초만 참으면 됩니다. 숨을 깊게 쉬는 것도 좋
고, 숫자를 1부터 30까지 세는 것도 좋아요. 잠깐 노래 한 곡을
듣는 것도 괜찮은 방법이에요. 화난 정도에 따라 잠시 걷는 것
도 좋아요.

나의 화를 폭발시키지 않고 서서히 가라앉히는 방법을 찾으세
요. 어떤 방법을 써도 마음이 가라앉지 않으면 훈육은 다음으
로 미루세요. 그리고 이렇게 말해주세요.

소리 내어 읽어보세요.

> "지금은 엄마가
> 대화할 준비가 안 된 것 같네.
> 조금 이따가 이 문제에 대해서
> 다시 이야기하자."

예쁜 척, 잘난 척하는 내 아이

여섯 살 딸아이를 둔 엄마가 말했어요. 아이가 친구들 앞에서 지나치게 예쁜 척, 잘난 척한다네요. 친구들이 딸아이를 싫어할 것 같다며 걱정했습니다.

남이 예쁘다고 말하지 않아도, 똑똑하다고 칭찬하지 않아도 자신을 꽤 괜찮은 사람이라고 생각하는 것은 좋은 거예요. 인생을 살아가며 나를 단단히 지켜줄 아주 소중한 생각입니다. 물론 자존감도 높은 겁니다. 하지만 남들 앞에서 지나치게 "나 엄청 잘하거든" "나는 정말 예뻐"라고 과시하고 행동하는 것은 다른 문제예요. 사회적 상황에서의 대인 민감성이 떨어지는 것으로 봐야 합니다. 자신이 그렇게 말할 때 상대방이 어떻게 받아들일지를 생각하지 못하는 것이거든요. 잘못하면 부모의 예상대로 또래 관계에 문제가 생길 수도 있습니다.

이럴 때 부모들은 참 곤란합니다. 문제라고 해서 어린아이한테 "너 솔직히 그렇게 예쁘진 않아" "너 그렇게 잘하는 건 아니야"라고 말할 수는 없거든요. "너 그러면 친구들이 싫어해" "그렇게 잘난 척하는 사람은 사람들이 싫어해"라고 말하는 것도 바람직하지 않거든요.

아이가 "나 예쁘거든, 난 정말 예뻐"라고 말하면 이렇게 말해주세요. "예쁘지. 엄마는 우주에서 하나뿐인 네가 제일 예뻐. 그런데 여러 사람하고 있을 때 '나는 정말 예뻐' 하고 말하는 것은 좀 조심해야 돼." 아이가 왜냐고 묻겠지요. "어떤 사람은 자기는 안 예쁘다고 생각하기도 하거든. 그런 사람도 있어. 여러 사람 앞에서 '나는 정말 예뻐' 하고 말하면 그 사람이 속상할 수 있어. 그래서 여러 사람이 있을 때 너 자신에 대한 이야기를 지나치게 많이 하는 것은 잘 생각해보고 해야 한단다."

제가 이렇게 말해주면 어떤 아이는 "그럼 발표할 때는요?"라고 묻기도 해요. 그럴 땐 "발표할 때는 너에게 주어진 시간만큼만 이야기하면 되지"라고 말해줍니다.

평소 아이와 대화할 때도 외모에 초점을 맞춰 말하지 않는 것이 좋아요. 예를 들어 아이가 유치원에 갈 때 화려한 공주 드레스를 입고 가려고 합니다. 이때 "이 옷은 정말 예뻐. 너하고 아주 잘 어울려. 그런데 유치원에서 뛰어놀기도 하고 공부도 해야 하잖아. 활동하기 편한 옷을 입어야 돼. 이 옷은 때와 장소에 안 맞는 거야. 그런데 우리 다음 달 할머니 생신 때 맛있는 것 먹으러 갈 거잖아. 그날은 괜찮아. 그날 입고 가자"라고 가르쳐주세요.

아이가 "나 진짜 잘해"라고 말할 때는 뭐라고 말해주는 것이 좋을까요? 비슷합니다. "맞아. 잘해. 네가 열심히 연습하니까 그것은 참 잘한다고 생각해. 그런데 어떤 아이들은 잘 안 돼서 속상해하기도 해. 네가 '나는 진짜 잘해'라고 말하면 그 아이들이 엄청 속상할 거야. 이런 생각을 좀 하고 말할 필요는 있어. 발표할 때 말고는 너의 개인적인 것 중에서 잘하는 것을 지나치게 오래 이야기하는 것을 좀 조심해야 돼. 대화할 때도 다른 사람과 비슷한 시간만큼 말하는 것이 좋거든."

아이가 "누가 '너 이거 잘해?'라고 물어보면?"이라고 묻기도 해요. "물어보면 네 의견을 이야기하는데 그럴 때는 '내 생각에는 좀 잘하는 것 같아' '좀 잘할 때도 있어'라고 말하는 것이 좋아"라고 가르쳐주면 됩니다.

아이에게 'one of them' 즉, 집단 안에서는 자신이 여러 사람 중의 그저 한 사람일 수 있다는 사실을 가르쳐주는 것도 필요해요. 아이는 우주에서 유일하고 특별한 존재예요. 특별한 존재임은 어떤 상황에서도 절대 불변이지만, 언제나 특별한 대우를 받아야 한다는 의미는 아니에요. 사회성 발달에서 굉장히 중요한 부분입니다.

너도 그러고 싶지 않을 거야

아이가 손톱을 심하게 물어뜯어요. 손톱이 얼마 남아 있지 않을 정도입니다. 이럴 때 많은 부모들이 문제를 지적하고 협박하며 일방적으로 훈계합니다. 이렇게 하는 것은 아이의 문제 행동을 가운데에 두고 아이와 맞서는 거예요. 우리는 종종 아이와 정면으로 맞서서 문제를 지적하고, 심지어 비난하고, 요구하고, 때로는 지시하고 명령까지 내립니다. 이런 대결 구도에서 아이는 누군가와 맞서는 상황이기에 지고 싶지 않아져요. 의도적인 것이 아니라 본능적인 겁니다. 그래서 순순히 부모의 말을 따르기가 쉽지 않아요.

아이와 맞서서는 문제 행동을 고치기 힘듭니다. 부모와 아이가 서로 협조하는 관계, 아이와 한 팀이 되어야 해요. 그래야 조금은 수월하게 고칠 수 있습니다.

어떻게 하면 아이와 한 팀이 될 수 있을까요? 아이의 입장에서 아이의 어려움을 공감해주셔야 합니다. 이렇게 말이지요.

소리 내어 읽어보세요.

> "○○아, 지금 손가락이 갈라지고 피도 나는구나.
> 많이 아프겠네. 분명 너도 그러고 싶지 않을 거야.
> 그래도 네 마음대로 잘 안 되지?
> 어떨 때는 아프기도 하고 속상하기도 할 거야."

아이가 고개를 끄덕거리면 이 문제를 수면 위로 올리세요. 그리고 이렇게 말해주세요. 소리 내어 읽어보세요.

> "그런데도 계속 손톱을 물어뜯는 행동이
> 분명히 문제는 문제다.
> 계속하면 안 되겠네.
> 그건 너도 알지?"

이렇게 말해주면 아이들은 대부분 동의하고 인정합니다.

너는 어떻게 해볼래?

어느 누구도 남에게 무언가 하도록 강요하거나 강제로 못 하게 할 수는 없습니다. 부모가 아무리 못 하게 한다고 해도 아이의 습관을 하루아침에 완벽하게 바꿀 수는 없어요. 이 세상에서, 아니 이 우주에서 이것을 바꿀 수 있는 사람은 단 한 사람, 아이 자신밖에 없습니다. 그래서 아이의 문제 행동 앞에서 부모는 아이와 한 팀이 되어야 해요. 아이가 자신의 문제를 인정하면 이렇게 말해주세요.

소리 내어 읽어보세요.

> "이것은 분명히 개선해야 할 문제인데
> 너는 어떻게 해볼래?
> 네 의견을 들어보고
> 도와줄 수 있는 부분은 도와줄게."

이렇게 말하면 아이는 문제 행동을 해결하는 과정의 중심에 서고 부모는 돕는 형태가 됩니다. 아이는 자신이 문제 해결을 이끄는 주인공이라고 생각해 마음이 편안해질 수 있어요.

이런 과정을 반복하면 아이의 자존감이 높아져요. 부모와 아이가 문제 행동을 고쳐나가는 데 한 팀이 되면, 비록 단번에 완벽하게 문제 행동을 고치지 못해도 아이는 많은 것을 얻을 수 있습니다. 문제가 생기면 아이는 부모와 힘을 합해서 같이 해결하게 됩니다. 그 과정에서 함께 노력할 수 있다는 것도 배웁니다. 무엇보다 아이는 부모에게 도움을 요청하는 것을 꺼리지 않게 되고 또 부모의 도움이나 조언을 편안하게 받아들일 수 있게 되지요. 또한 자기 행동에 대한 책임감도 기를 수 있습니다.

하지만 부모가 돕고 아이가 적극적으로 고치려고 노력해도 습관이 된 행동을 쉽게 고칠 수는 없어요. 이때 아이도 부모 못지않게 실망합니다. 이때 사람마다 느끼고 생각하는 것이 다르듯 사람마다 맞는 방법이 다를 수 있다고 조언해주세요. 한 가지 방법으로 좋은 결과가 나오지 않을 때는 다른 방법을 적용해보면 된다고 이야기하면서 격려해줍니다.

이때 필요한 것은 부모의 인내심이에요. 인내하면서 아이에게 설명해주고, 참고 기다려주며, 다음 날 또 노력하는 과정을 아이와 같은 편이 되어 끊임없이 반복해야 합니다.

남의 것을 허락 없이
손대면 안 되는 거야

아이가 허락 없이 남의 것을 들고 왔습니다. 어떻게 해야 할까요?

아이의 이런 행동은 성장 과정에서 자연스럽고 흔한 일입니다. 아직 소유의 개념이 제대로 잡혀 있지 않고, 물건을 보면 갖고 싶은 본능을 제어하는 통제력이 발달하지 않은 상태이기 때문이지요. 그래서 아이를 키우면 누구나 한 번쯤 겪는 일이기도 합니다.

문제는 아이가 그 행동을 한 다음이에요. 어떻게 대처하느냐에 따라 아이의 도덕관념, 자존감, 부모와의 관계가 천양지차로 달라집니다.

우선 아이의 설명부터 들어보세요. 자초지종을 듣기 전에 화내거나 야단치면 오히려 아이의 거짓말과 변명을 불러옵니다. 부드럽지만 분명하게 그 행동이 매우 잘못된 것임을 말해주세요.

소리 내어 읽어보세요.

"엄마 아빠는 너를 사랑하고 매우 아낀단다.
실수가 아닌 다음에야 네 소유가 아닌 것을
들고 오거나 갖는 것은 안 돼.
남의 것을 그 사람의 허락 없이
손대면 절대 안 되는 거야."

가져온 물건은 반드시 주인에게 돌려주어야 합니다. 친구 집에서 물건을 들고 왔다면 아이와 같이 가서 돌려주고, 가게에서 물건을 들고 왔다면 같이 가서 값을 치르세요. 아이에게 직접 사과하게도 합니다. 그리고 부끄럽고 힘든 일을 마친 아이의 노력을 칭찬해주세요.

이런 일이 발생한 뒤에는 부모 자신을 한 번쯤 돌아볼 필요가 있습니다. 혹시 또래에 비해 용돈을 너무 적게 주지는 않았는지, 장난감이나 물건을 사주는 것에 너무 박하지 않았는지 생각해보세요. 내 행동 중 아이에게 잘못된 도덕관념을 심어준 것은 없었는지도 살펴보세요. 회사 물건을 집으로 가져와 쓰거나 물건을 살 때 많이 거슬러진 돈을 말없이 주머니에 넣은 적은 없으신가요? 아이는 언제나 보고 있습니다.

네 마음 안에 살아남아 있는 거야

요즘은 가재, 달팽이, 햄스터, 소라게, 금붕어 등 작은 반려동물을 많이 키우지요. 이런 동물들은 수명이 그리 길지 않습니다. 키운 지 얼마 되지 않아 죽어버리기도 해요. 이럴 때 아이들은 대성통곡을 합니다.

인간은 죽음에 대해 본능적으로 공포와 두려움을 느낍니다. 반려동물의 죽음을 안타까워하고 슬퍼하는 것은 정상적인 감정 반응이에요. 소중한 물건을 잃어버려도 속상한데, 함께 지내던 반려동물이 죽었으니 아이는 얼마나 슬플까요. 이럴 때 아이를 어떻게 위로해주는 것이 좋을까요?

반려동물의 이름을 넣어 "△△도 네가 보고 싶을 거야. 너도 보고 싶겠지? 보고 싶을 때는 '△△아, 잘 있니?'라고 말해도 돼. 너무 보고 싶으면 △△ 찍어놓은 사진 있잖아, 그거 보자"라고 위로하면서 함께 반려동물 사진을 보세요. "이때는 꼬리를 이렇게 흔들었구나"라고 사진을 함께 보면서 회상하기도 합니다. 그리고 아이에게 말해주세요.

소리 내어 읽어보세요.

"네가 △△를 사랑했던 마음은
△△가 죽어도 있는 거야.
네 마음 안에 살아남아 있는 거야."

아이가 "△△도 나를 기억할까?" 하고 물을 수도 있어요. "그럼, △△는 비록 떠났지만 △△ 마음 안에 네가 잘 놀아준 기억은 남아 있어"라고 대답해줍니다.

쉽지 않은 개념이지만 존재가 사라져도 그간 있었던 좋아하는 마음, 사랑하는 마음, 서로 위로가 됐던 그 마음은 언제나 마음속에 남아 있다고 가르쳐주세요.

네 마음 안에
살아남아 있는 거야

엄마가 정말 잘못한 거야, 미안하다

규칙을 정해 그에 따라 회초리를 들었어도 때리는 행동은 훈육이 아니라 폭력입니다. 그런데 이미 때렸다면 어떻게 해야 할까요? 솔직하게 사과해야 합니다. "네가 동생을 때렸을 때 엄마가 때렸잖아. 그때 많이 속상했니?"라고 물으세요. 아이가 그렇다고 하면 "많이 아팠니?" "많이 무서웠어?" "엄마가 싫어지기도 했니?" "엄마에게 실망했어?"라고 물으며 아이의 마음속 이야기를 듣습니다. 아이를 때린 당시 마음도 솔직하게 말해주세요. "엄마가 그때 너한테 화났던 것 같아. 화났다고 해서 네가 싫은 것은 아니야. 부모는 자식을 절대 싫어할 수 없어." 그리고 사과합니다.

소리 내어 읽어보세요.

> "가만히 생각해보면 화날 일도 아니었어.
> 여러 번 가르쳐줘야 하는데.

또 잘못했다고 화낼 일은 아니잖아.
너를 때린 것은 엄마가 정말 잘못한 일이야.
굉장히 후회해. 미안하다."

아이가 "엄마는 맨날 미안하다고 하고 또 때리잖아"라고 따질 수 있어요. 이때 "네가 잘하면 엄마가 때리니?"라고 맞받아치지 마세요. "맞아. 엄마가 그런 면이 있지." 그냥 인정하세요. 부모가 잘못을 인정해야 아이가 상처를 극복할 수 있습니다. "맞아. 어른이지만 엄마도 굉장히 노력해야 하는 부분이야. 부단히 노력하는데 잘 안 될 때도 있어. 더 노력하마." 이렇게 진심으로 말해주세요.

아이를 때리는 행동은 일종의 공격입니다. 위계에 의해서 더 힘 있는 사람이 힘 없는 사람을 때린 겁니다. 아무리 좋은 의도였어도 교육적으로 더 좋은 방법이 많기 때문에 때리는 행동은 부모가 아이를 공격한 것이 맞아요.

아이는 맞았을 때의 아픔을 기억해서 문제 행동을 고치기보다는 그때 느낀 공포와 모멸감을 더 강하게 기억한다는 사실을 잊지 마세요. 아이가 마음의 상처를 회복하길 바란다면 부모의 행위가 잘못이었음을 인정하세요. 아이가 '아, 엄마도 때린 게 잘못됐다고 생각하는구나'라고 느끼게 하는 것이 중요합니다.

효과적으로 지시하는 법

우리, 무언가를 지시할 때 어떻게 말해야 하는지 반복해서 배웠습니다. 하지만 실제 대화는 책에 쓴 글보다 훨씬 길게 오가는 경우가 많지요. 이해를 돕고자 실제 상황에서 아이와 주고받은 대화를 자세히 보여드릴게요.

만 5세 된 아이예요. 부모는 아이가 말을 잘 안 듣고 징징거리고 자기가 원하는 대로 해주지 않으면 무작정 울고 떼쓴다고 말했지요. 그런데 만나보니 아이는 의외로(?) 괜찮았어요. 전반적인 발달 상태도 좋고, 말귀도 잘 알아듣고, 행동을 제한해도 심하게 저항하지 않았습니다. 그렇다고 쉽게 기가 죽고 움츠러드는 아이도 아니었습니다.

저는 아이와 충분히 시간을 보낸 뒤 아이에게 "앞으로 5분 정도 뒤에 놀이를 정리해야 돼"라고 말했습니다. 아이는 물었어요.
"왜요? 나 더 놀고 싶은데? 나 진짜 재미있는데?"
"원장님도 너랑 정말 재미있었어. 우리 진짜 재미있게 놀았다. 그런데 이제는 원장님이 엄마 아빠랑 이야기해야 하는 시간이야."
"나 여기서 놀고 싶은데?"
"어, 네 마음은 알아. 그런데 원장님이 엄마 아빠에게 이야기를 해줘야 하는 시간이 됐어. 그래서 너는 나가서 기다려줘야 해."
"나 여기서 조용히 있을게요."

"어, 조용히 있고 떠들고 하는 문제가 아니야. 네가 조용히 해준다는 것은 고마운데, 지금은 원장님이 엄마 아빠랑 이야기를 좀 해야 돼."

"나 조용히 있을 수 있는데."

"너하고 원장님하고 시간을 보내는 동안, 엄마 아빠가 밖에서 잘 기다려주셨잖아. 이번에는 엄마 아빠랑 원장님이 이야기하는 동안에 네가 밖에서 기다릴 차례야. 기다리는 동안 너무 심심하면 밖에 다른 선생님들이 계셔. 놀아주실 거야."

아이는 '알겠다'고 하면서 의자에서 일어났어요. 이 정도면 큰 저항 없이 지시를 잘 받아들인다고 봐야 해요. 나가는 아이에게 제가 "엄마 아빠를 좀 불러줘. 여기 원장님 방으로 오시라고"라고 말했습니다. 아이는 "네"라고 답했습니다.

문제는 엄마 아빠가 들어오면서 발생했습니다. 아이가 엄마 아빠랑 진료실에 같이 들어와 버렸어요. 그러면서 엄마를 보더니 "나 여기 있을 거야"라고 말했어요. 엄마는 아이 말에 이렇게 말했어요.

"○○아 빨리 나가, 빨리. 엄마 아빠하고 원장님하고 이야기해야 해. 빨리."

"나 여기 있을 건데?"

"조금만, 조금만, 나가서 기다려줘."

"나 조용히 하고 있을 건데."

"우리 비밀 이야기 할 거야. 나가서 조금만 기다려줘. 빨리, 빨리, 응?"

아이는 아예 엄마 품에 파고들며 "엄마, 나가자, 나가자" 하면서 떼쓰기 시작했어요. 상황이 쉽게 해결될 것 같지 않자 민망해진 아빠가 나섰습니다. "그럼, 아빠랑 나가자." 제가 아빠에게 말했습니다. "아빠, 앉아 계세요. 우리 이야기 나눠야 하는 시간이에요." 아빠는 의자에서 일어나다가 다시 앉았어요. 제가 엄마에게 "아이에게 나가라고 분명히 말해주세요"라고 이야기했어요. 엄마는 다시 "○○아, 나가서 기다려줘. 조금만, 조금만 기다려줘. 빨리, 빨리"라고 말했습니다. 엄마는 계속 그런 식으로 말했어요. 제가 아이한테 말했습니다.

"○○아. 우리는 비밀 이야기 안 해. 너를 흉보지도 않아. 원장님이 '○○를 이렇게 대해주세요. 시간 날 때는 ○○이랑 이렇게 놀아주세요' 이런 거 이야기 할 거야. 너도 아까 좋다고 그랬잖아."

"나 조용히 있을 건데."

"그건 고마운데, 모든 것에는 순서가 있어. 지금은 네가 나가야 하는 순서야."

"나 싫은데?"

"싫은 건 아는데, 싫어도 어쩔 수 없는 것이 있어. 이건 어쩔 수 없는 거야. 네가 나가야 하는 거야."

그렇게 말해도 아이는 계속 싫다고 했습니다. 그래서 제가 말했지요.

"이야기는 네가 나가면 시작할 거야. 비밀 이야기는 아니지만, 어른들끼리 해야 하는 이야기야. 네가 나갈 때까지 좀 기다려줄 거야."

아이는 안 나가고 계속 버티고 있었어요. 엄마는 어쩔 줄 모르고 민망해하다가 휴대전화를 꺼냈습니다. 제가 가만히 계시라고 했어요. 5분 정도 지났을 때 다시 아이에게 말했습니다.

"○○아. 네가 나가야 해. 그래야 우리가 이야기를 시작할 수가 있어. 네가 나가주면 좋겠는데 원장님이 마냥 기다릴 수는 없어. 뒤에 또 다른 친구가 기다리고 있거든. 이제 다른 선생님이 들어오실 거야. 오셔서 너를 데리고 나갈 거야. 선생님과 같이 나가야 해."

그런 뒤 다른 선생님이 와서 아이를 데리고 나갔습니다. 아이는 나가지 않겠다며 "아아!" 하고 소리를 좀 지르더니 금세 선생님과 나갔어요. 그리고 부모님과 상담하는 동안 내내 별일 없이 밖에서 잘 기다렸습니다.

우리는 이런 상황을 참 불편해해요. 아이를 정말 사랑하지만 이런 상황이 불편해서 효과적인 지시를 잘 못합니다. 이런 상황에서 효과적인 지시는 앞에서 배운 대로 간단해요. "나가서 기다리거라"입니다.

그런데 엄마는 '빨리'나 '조금만'이라는 표현을 너무 많이 사용했습니다. 이 상황에서 중요한 것은 '조금'이나 '빨리'가 아니에요. 중요한 것은 아이가 나가서 기다리는 것입니다. 엄마는 그렇게 지시하지 않았어요. 이런 지시는 아이를 괴롭히는 것이 아닙니다. 여러 사람과 같이 살아가려면 아이가 꼭 배워야 하는 '생활의 질서'를 알려주는 것이에요. 이 지시는 기분이 좋아서 따르는 것도 아니고 그 선택이 좋아서 따르는 것도 아니에요. 그날 기분이 나빠도, 그 선택이 마음에 들지 않아도 따르는 겁니다.

안 나가겠다는 아이에게 게임기를 주고, 스마트폰을 주고, 아이스크림을 사주겠다고 약속해서 상황을 처리하는 것은 해결이 아니에요. 그렇게 처리하면 아이를 위한 가르침은 이뤄지지 않습니다.

생활 속 질서를 가르치기 위해 내리는 지시를 할 때는 아이에게 선택권과 결정권을 주어서는 안 됩니다. 아이가 "싫은데"라고 반응하는 것은 이 상황에서 자기가 결정하겠다는 거예요. "내가 조용히 할게요"라는 말도 마찬가지 의미입니다. 자기 선에서 자기 방식대로 이 상황을 해결하겠다는 거예요. 이런 아이에게 "나가서 기다려줄래?"라고 물어보는 것은 아예 아이에게 결정권을 주겠다는 겁니다. 선택권과 결정권을 주지 않는 이유는 아이를 이겨먹고자 하는 것이 아니에요. 어떤 것은 내가 결정권을 통제할 수 없고 그냥 따라야 하는 것도 있다는 것을 가르치기 위한 겁니다.

이렇게 말씀드리면 혹여 부모들이 무섭게 지시를 내리지는 않을지 걱정됩니다. 위 상황에서 보면 저는 아이를 나가서 기다리게 하면서 소리를 지르지 않았어요. 눈을 부릅뜨지도, 잔소리를 늘어지게 하지도 않았어요. 효과적인 지시는 무서우면 안 돼요. 무서우면 아무런 배움도 일어나지 않습니다.

지시를 효과적으로 내리려면 두 가지를 기억하세요. 첫째, 핵심만 짧게 말해주세요. 예로 든 상황에서는 "지금부터는 원장님과 엄마 아빠가 이야기를 할 시간이야. 너는 밖에 나가서 기다리거라"라고만 말하면 됩니다. 앞에서 말씀드린 '열 단어 법칙'을 기억하면 좋아요. 여기에 '빨리' '조금만' '쓰읍' 등의 표현이 들어가서는 안 됩니다.

둘째, 해서는 안 되는 행동의 한계를 넘어갈 때는 어떻게 행동해야 하는지를 명확하게 알려주세요. 어떤 지시를 한 뒤 아이가 악을 쓰고 울 때는 그칠 때까지 기다려줘야 합니다. 진정할 때까지 40분을 기다릴 수도 있어요. 그런데 이 아이는 달라요. 이미 다 상황을 알아차리고 있습니다. 이때 스스로 결정하고 행동할 수 있는 시간을 주고 지시대로 행하게 해야 합니다. 일상에는 '한계'라는 것이 있다는 것을 가르쳐주는 거지요.

그럼, 넌 혼날 일 없네

곧 초등학교에 입학할 아이가 학교에 가기 너무 싫다고 말했습니다. 왜냐고 물으니 아이는 "다들, 선생님은 무섭대요. 혼난대요"라고 답했습니다. 제가 다시 물었지요. "선생님들은 어떨 때 혼낼까?" 아이는 곰곰이 생각한 뒤 대답했어요. "싸울 때? 거짓말할 때?" "그렇구나. 그런데 너 거짓말 많이 해?" 아이는 아니라고 대답했습니다. "너 아이들이랑 잘 싸워?" 아이는 또 아니라고 대답했습니다. 그래서 제가 말해주었어요. "그럼, 넌 혼날 일 없네." 아이의 얼굴은 한결 편안해졌지요.

소리 내어 읽어보세요.

> "그럼, 넌 혼날 일 없네."

보통 어린이집이나 유치원에서 다음 연령의 반으로 올라갈 때 혹은 초등학교에 입학할 즈음 이런 말을 아이들이 많이 합니다. "선생님 되게 무서워. 말 안 들으면 엄청 혼나." "너 이런 것도 못하면 친구들이 안 놀아줘." "이런 것도 못 먹어서 형님 반 될 수 있겠어?" 등등.

이런 말들은 아이에게 두려움을 지나치게 많이 불러일으킵니다. 주의를 줄 필요는 있지만 겁을 주지는 마세요. 제대로 경험해보기도 전에 '기관에 가기 싫다'는 생각이 생겨버리기도 합니다. 기관에서 경험할 신나고 재미있는 일들을 많이 이야기해주세요. 마음이 편안해야 적응도 잘합니다. 기관을 긍정적으로 생각해야 아이가 쉽게 적응합니다.

이것을 잘하면 저것도 잘할 수 있어

"이런 형님이 어딨어? 너 이렇게 하면 동생들이 놀려, 학교 가서 꼴찌 해, 바보 돼!"

과연 아이들이 이 말의 뜻을 이해할까요? 아이는 부정적 예언과 반어를 잘 이해하지 못해요. 아이의 뇌는 그만큼 발달하지 않았어요. 아이에게 말할 때는 꼬아서 표현하지 말고 있는 그대로 말해주세요.

내년에 초등학교에 입학하는 아이에게 공부를 시키고 싶다면 "학교 가기 전에 이 정도는 배우자"라고 말해주세요. 위험한 곳에서 놀아서 걱정이라면 "하지 마, 떨어질 수 있어"라고만 이야기하세요.

아이에게는 지금 하는 행동으로 앞으로 어떤 일이 일어날지 잘 예측하지 못합니다. 부모가 말해준다고 해도 그 자체가 '어려운 지식'이지요. 아직 일어나지 않은 일을 머릿속으로 상상만 해서 받아들여야 하니까요. 부모의 뇌는 결과를 예측할 수 있을 만큼 발달했지만 아이의 뇌는 그렇지 못해요. 그 지식을 그대로 받아들이기도 버겁습니다. 그런데 그것을 한번 꼬아서까지 말하면 어려운 지식이 더 어렵게 느껴져요. 더구나 극단적인 예언이나 반어적 표현을 써가며 부모가 하는 말은 대부분 부정적이에요. '앞으로 잘될 것이다'보다는 '잘못될 것이다'가 훨씬 많습니다. 그렇게 되면 아이는 내일에 대한 기대보다는 불안을 품게 되고, 의욕이 샘솟기보다는 무기력해집니다.

아이에게 말할 때 부정적인 미래를 예언하거나 반어법을 쓰지 마세요. 비난이나 비판도 마찬가지입니다. 이렇게 말해주세요.

소리 내어 읽어보세요.

"이렇게 하는 것이 좋아.
 그러니까 이렇게 하자."
"너 이런 것 잘하잖아.
 이것을 잘하면
  저것도 잘할 수 있어."

맞아, 사실은 없어, 그럼, 꼭 오실 거야

별것 아닌데 어떻게 말해줘야 할지 은근히 고민되는 것이 있습니다. 바로 '산타'에 대한 이야기입니다.

산타가 있다고 해야 할까요? 없다고 해야 할까요? 답은 아이의 생각에 따라 그때그때 달라요. 산타가 있다고 믿는 아이에게 "없거든"이라고 정색하며 말할 필요 없고, 산타가 없다고 믿는 아이에게 "있거든" 하며 우길 필요가 없다는 거예요.

아이가 "엄마, 산타 할아버지는 정말 있어?"라고 물으면 일단 왜 궁금한지 물어봅니다. 아이가 "내 친구는 없대. 친구네 엄마가 없다고 그랬대"라는 식으로 말하면 이렇게 말해주세요.

소리 내어 읽어보세요.

> "맞아. 사실은 없어. 그런데 생각보다 세상에는
> 어렵고 힘들게 사는 사람이 많아.
> 연말에는 더 힘들고 외로워지지.

389

> 그럴 때 서로 사랑하고 도우면서
> 마음 따뜻해지라고 '산타 할아버지'를 만든 거야."

아이가 '사실 산타는 없다'는 말을 듣고 왔는데 "아니야. 있어. 정말 굴뚝 타고 와"라고 말하는 것은 바람직하지 않아요. 반대로 아이가 산타 할아버지가 있다고 믿는 상황일 수도 있습니다. "정말 오실까? 나 마음이 설레"라고 아이가 말해요. 이때는 이렇게 말해주세요.

소리 내어 읽어주세요.

> "그럼, 꼭 오실 거야."

산타가 없다는 사실을 아이도 언젠가는 알게 됩니다. 그때 "우리 부모가 지금까지 나를 속여왔다니…"라고 배신감을 느끼는 아이는 없어요. 대부분 성장하면서 그런 것을 자연스럽게 이해합니다. 간혹 "믿으면 선물 받고, 안 믿으면 선물 못 받는다"라고 하는 분들도 있어요. 제일 좋지 않은 대답이에요. 그런 말은 아이를 굉장히 혼란스럽게 만듭니다.

올 한 해도 너 참 잘 지냈어

12월에 만나는 아이들에게 묻곤 합니다. "얼마 있으면 크리스마스잖아. 선물 받을 수 있을 것 같아?" 한 아이는 제 질문에 뜬금없이 "원장님, 종이 좀 주세요"라고 말하더군요. 그러고는 한참 "7-2+3+4-1…"이라고 중얼거리며 계산을 했습니다. 그러더니 "아, 받을 수 있을 것 같아요" 했지요. 자신이 잘못한 일과 잘한 일을 수로 계산해본 겁니다.

아이는 단번에 "그럼요. 당연하지요"라고 왜 말하지 못했을까요? 좀 안타까웠어요. 혹시 아이가 "엄마, 나 선물 받을 수 있을까?"라고 물으면 이렇게 대답해주면 좋겠습니다.

"예로부터 착한 아이한테 선물 준다고 하잖아. 착한 것은 좀 그렇고, 엄마가 봤을 땐 네가 올 한 해 건강하고 엄마 아빠하고도 잘 지낸 것 같아. 가만히 보니까 친구하고도 사이좋게 지낼 때가 많았어. 동생하고도 티격태격하기도 했지만 잘 돌봐줄 때가 더 많았지. 엄마는 네가 올 한 해 참 잘 지낸 것 같아. 1년 동안 참 고마웠다. 선물은 당연히 받을 수 있겠지."

소리 내어 읽어보세요.

> "엄마는 네가 올 한 해도 참 잘 지낸 것 같아.
> 1년 동안 참 고마웠다.
> 선물은 당연히 받을 수 있겠지."

아이가 잘못한 일을 떠올리며 되물을 수도 있어요. "나, 아침에 유치원 늦은 적도 있고 동생이랑 싸운 적도 있는데?" 이럴 때는 이렇게 말해주세요.

소리 내어 읽어보세요.

> "사람이 그럴 때도 있는 거야.
> 전반적으로 봤을 때
> 너는 네 나이에 맞게 잘 자라고 있어."

아이의 1년을 쭉 정리해주면서 "너 대체로 괜찮은 아이야"라고 말해주면 자기 신뢰감도 커지고 통찰력도 발달합니다. 주의할 점은 무조건 "넌 괜찮은 아이야"라고 말하는 것이 아니라

"구체적인 증거를 모아봤더니 이러저러하다, 대체로 잘했다"
라는 식으로 말해주는 겁니다.

우리 아이, 올 한 해 무엇을 칭찬해줄지 가만히 생각해보세요.
생각해보니 어떠세요? 이 정도면 참 괜찮은 아이이지 않나요?
아이만 그런 것이 아니에요. 사실 당신도 그래요.

너는 꽃이야, 별이야, 바람이야

처음 임신을 확인했을 때, 생각나시나요? 저는 그때 아이가 마치 꽃향기 같았습니다. 너른 아름다운 꽃밭을 거니는 듯 향기로운 기분이었습니다. 보드라운 흙길을 맨발로 걸어가다 보면, 더없이 사랑스럽고 달콤한 향기가 제 몸에 스미는 것 같았어요.

아이를 생각하면 반짝반짝한 별이 가득한 밤하늘이 보였습니다. 눈이 부시도록 반짝이는 수많은 별들이, 제 눈 안으로 쏟아지는 것 같았어요. 아이를 생각하면 가슴이 벅차오르도록 찬란한 느낌이었습니다.

아이를 생각하면 봄이 오는 것만 같았어요. 따뜻한 바람의 온기가 제 얼굴, 온몸 구석구석에 닿는 듯했습니다. 말로 표현하기 어려운, 평온하고 따뜻한 기운이 온몸을 휘감았습니다. 아이는 그렇게 저에게 다가온 것 같아요. 그렇게 제 배 속에 자리를 잡은 것 같습니다. 그렇게 제 몸의 일부가 된 것 같습니다.

지금 아이는 스무 살이 넘었어요. 하지만 아이를 생각하면 늘 그때의 그 마음입니다. 아이가 꽃이고, 별이고, 바람입니다.
여러분들은 어떠신가요? 내 안에서 다른 심장이 뛴다는 사실을 처음 알았을 때, 아이를 생각하면 어떤 느낌이셨나요? 배 속에 있는 아이에게, 지금 내 눈앞의 아이에게 그 말을 해주세요.

각자의 느낌을 적은 뒤 소리 내어 읽어보면 좋겠습니다.

"너는 꽃이야.
 너는 별이야.
 너는 바람이야."

부모는 언제나 아이를 포기할 수 없는 존재

아이가 자폐 스펙트럼 진단을 받아 몸도 마음도 많이 힘들어하던 엄마가 있었습니다. 이 엄마에게 제 책상 위에 있던 '초코칩 쿠키'와 '곰보빵'을 하나씩 건넸지요. 그리고 그 쿠키와 빵에 얽힌 이야기를 들려주었습니다.

초등학교 1학년 즈음부터 치료를 받던 아이가 있었어요. 며칠 전 그 아이를 다시 만났습니다. 아이는 ADHD를 동반한 자폐 스펙트럼이 있었고, 투렛 증후군도 심했어요. 아이 엄마는 경제적으로 넉넉하지 않았지만 치료만큼은 정말 꾸준히 다녔습니다. 그 아이가 어느덧 훤칠하고 잘생긴 20대 후반의 청년이 되었더군요.

제가 아이에게 요즘 어떻게 지내는지 물었어요. 아이는 "나 회사 다녀요"라고 대답했습니다. 어찌나 대견하던지…. 무슨 회사냐고 물으니 제조업 회사라고 말했습니다. 맡은 일에서 불량품도 나지 않게 하고 회사 사람들과도 잘 지낸다고 했습니다. 월급은 거의 다 엄마를 드리는데 엄마가 다 저축하여 돈도 많이 모았다고 자랑했어요.

아이는 한참 사는 이야기를 하다가 "원장님, 그런데요, 내가 맛있는 과자랑 빵 많이 사준다고 했죠?"라고 이야기를 꺼냈어요. 순간 저는 무슨 소린가 했습니다. 아이가 저희 병원에 계속 다녔지만 못 만난 지 몇 년이 지났거든요. 그래서 "원장님이?"라고 다시 물었습니다. 제가 가끔 아이들에게 과자나 빵을 사준다고 약속하긴 하거든요. 아이는 "아니요, 내가!" 하면서 "내가 원장님, 맛있는 빵하고 과자 많이 사준다고 했잖아요"라고 다시 말했습니다. 그러면서 뒤척 뒤척 무언가를 찾더니 커다란 봉지 두 개를 내밀었어요. 한 봉지에는 곰보빵이 가득, 다른 봉지에는 초코칩 쿠키가 가득 들어 있었습니다.

아이는 오늘 제가 진료를 본다는 것을 알고 이것들을 직접 사 온 거였어요. "원장님, 이거 드세요. 내가 사준다고 했잖아요." 저는 들기도 무거울 정도로 큰 봉지 두 개를 양손에 받아 들었어요. 눈물이 왈칵 났습니다. 아이는 "원장님, 이거 내가 번 돈으로 사 왔어요. 내가!"라고 말했습니다. 눈물이 하염없이 흘렀어요. "그래 ○○아, 원장님이 진짜 맛있게 잘 먹을게. 고맙다." 아이는 "원장님, 다음에도 또 맛있는 거 사줄게요" 하면서 환하게 웃었습니다.

이야기를 다 듣더니, 엄마는 아무 말도 없이 제 손을 잡고 펑펑 울었습니다. 엄마는 생각했겠지요. '내 아이가 과연 사회에서 잘 살아갈 수 있을까' '우리 아이가 다른 사람과 어울려 살 수 있을까?' 등등…. 저는 30년간 현장에서 부모들의 깊은 사랑, 후회와 회한, 우려와 걱정을 많이 접했습니다. 얼마나 아이를 사랑하는지 붉어진 눈시울을 보고 또 접했습니다. 제가 엄마의 어깨를 다독이며 말했어요. "걱정하지 말아요. 잘 치료하면 아이는 자기 역량에 맞게 살아갈 수 있어요."

아이가 장애가 있거나 발달이 늦거나 혹은 '과연 얘가 좋아질 수 있을까?' 하는 걱정으로 힘들어하는 부모님 많으시지요. 물론 모든 아이가 완전히 좋아지지는 않을지도 몰라요. 하지만 우리는 부모로서 언제나 아이를 포기할 수 없는 존재입니다. 어떤 방식으로든 아이가 조금 더 잘 성장하고 편안하게 지내도록 노력하면 됩니다. 그렇게 차근차근 노력하다보면 출발선보다는 좀 더 나은 쪽에 닿아 있을 거예요. '초코칩 쿠키'와 '곰보빵'을 여러분들에게도 나눠드리고 싶네요.